GrandSoft 广联达软件

适用于工程造价、工程管理类等相关专业

广联达工程造价类软件实训教程

第二版

钢筋软件篇

广联达软件股份有限公司 编写

人民交通出版社

China Communications Press

图书在版编目（CIP）数据

广联达工程造价类软件实训教程. 钢筋软件篇/广
联达软件股份有限公司编. —2 版. —北京：人民交通
出版社，2010.8
ISBN 978-7-114-08580-2

Ⅰ. 广…　Ⅱ. 广…　Ⅲ.①建筑工程－工程造价－
应用软件－技术培训－教材　Ⅳ.①TU723.3-39

中国版本图书馆 CIP 数据核字（2010）第 150072 号

书　　名：广联达工程造价类软件实训教程——钢筋软件篇（第二版）
著 作 者：广联达软件股份有限公司
责任编辑：邵　江　刘彩云
出版发行：人民交通出版社
地　　址：(100011) 北京市朝阳区安定门外外馆斜街 3 号
网　　址：http://www.ccpress.com.cn
销售电话：(010) 59757973
总 经 销：人民交通出版社发行部
经　　销：各地新华书店
印　　刷：北京鑫正大印刷有限公司
开　　本：787×1092　1/16
印　　张：3.75
字　　数：86 千
版　　次：2008 年 5 月　第 1 版
　　　　　2010 年 8 月　第 2 版
印　　次：2021 年 1 月　第 28 次印刷　总第 31 次印刷
书　　号：ISBN 978-7-114-08580-2
定　　价：15.00 元
（有印刷、装订质量问题的图书由本社负责调换）

前　言

广联达软件股份有限公司成立于 1994 年 11 月 30 日,自成立以来,公司一直以"科技报国、积极推动基本建设领域的 IT 应用发展"为己任,信守"真诚、务实、创新、服务"的企业精神,持续为中国基本建设领域提供最有价值的信息产品与专业服务,推动行业内企业的管理进步,提高企业的核心竞争力。在发展的历程中,广联达公司逐步确立了"引领全球建设行业信息化的发展,为推动社会的进步与繁荣作出杰出贡献"的企业使命,紧紧围绕工程项目管理的核心业务,走专业化、服务化、国际化的发展战略。

公司成立 16 年来,公司产品从单一的预算软件发展到工程造价管理、项目成本管理、工程招投标网络应用平台及教育培训与咨询四大业务的 30 余个产品,并被广泛应用于建筑设计、施工、审计、咨询、监理、房地产开发等行业及财政审计、石油化工、邮电、电力、银行审计等系统。在举世瞩目的东方广场、奥运鸟巢、国家大剧院等工程中,广联达的产品也得到了深入应用,并赢得了用户的好评。

随着多年积累的用户数量的不断增加,大家对产品的使用提出了更多的要求,应广大用户的要求,广联达公司特别邀请了几位专家,共同编写了此书。

本书依照《广联达工程造价类软件实训教程——案例图集》中的工程,详细介绍了最新版 GGJ10.0 的基本功能和应用技巧。通过标准化的设计,尽量做到深入浅出,易学易懂。同时,在每一步的算量过程之后,都有核对标准答案的环节,便于用户掌握软件使用的每一个技术细节。我们真诚地希望本书的出版可以提高全国各地从业者的软件使用水平,并能对各位的算量工作有所帮助。最后,对人民交通出版社邵江编辑提出许多中肯的意见表示感谢。

限于作者水平,书中难免出现错误和疏漏之处,恳请读者惠予批评指正。

编者

2010 年 7 月

版 权 申 明

　　本课程由广联达软件股份有限公司（以下简称广联达公司）开发，广联达公司保留本课程的所有版权和知识产权，任何单位和个人未经授权不得使用和复制本课程的讲师讲义、学生手册、图纸和答案、授课录像、软件视频帮助以及仿真教学软件。广联达公司保留对侵犯其知识产权行为的索偿和追究法律责任的权力。

广联达软件股份有限公司

目录

第1单元　画图准备

1.1　新建工程

左键双击广联达软件图标，弹出广联达欢迎界面，如图 1.1.1 所示。

图 1.1.1

（1）左键单击"新建向导"，进入"新建工程"界面，如图 1.1.2 所示。

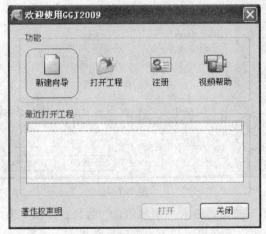

图 1.1.2

　　（2）输入工程名称，选择损耗模板、报表类别、计算规则、汇总方式。在这里，工程名称为"办公大楼"，损耗模板为"不计算损耗"，报表类别为"全统（2000）"，计算规则为"03G101"，汇总方式为"按外皮计算钢筋长度"，如图 1.1.3 所示。

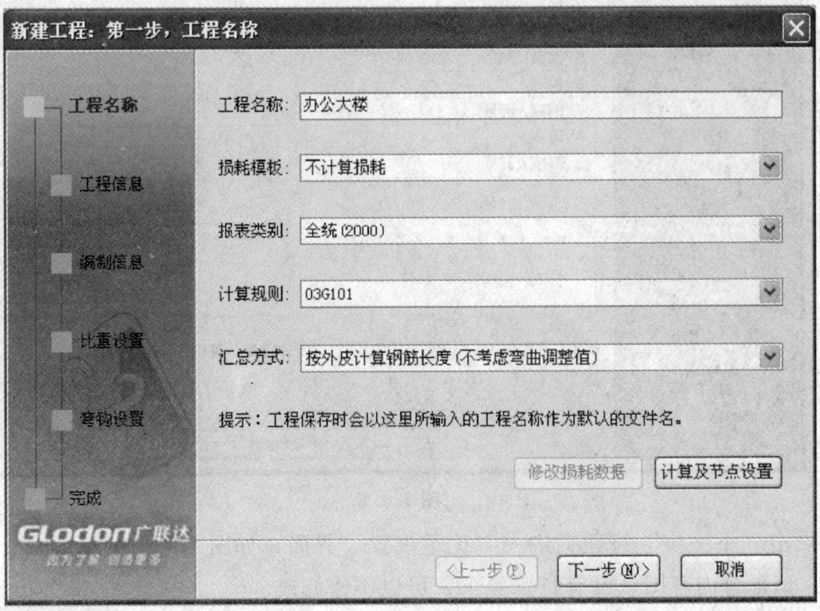

图 1.1.3

（3）点击"下一步"按钮，进入"工程信息"界面，如图1.1.4所示，在此界面按照图纸输入。

提示：在这里，大家应注意对话框下方的"提示"信息，提示信息告诉大家这里填入的信息会对软件中的哪些内容产生影响，大家可根据实际工程情况和提示信息，填入信息。

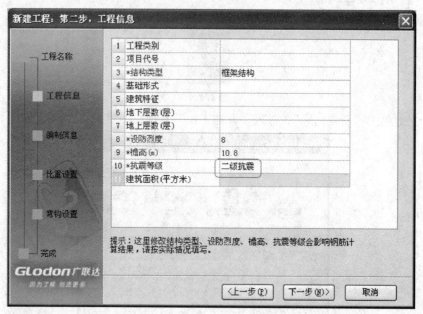

图 1.1.4

（4）点击"下一步"按钮，进入"编制信息"界面，如图1.1.5所示。

提示：该部分内容可以不必填写，不影响计算结果。

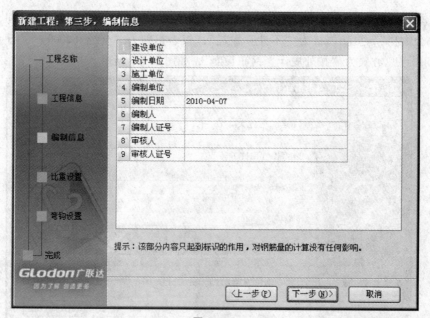

图 1.1.5

（5）点击"下一步"按钮，进入"比重设置"界面，如图1.1.6所示。

提示：该部分内容图纸没有特殊要求，可以不作修改。

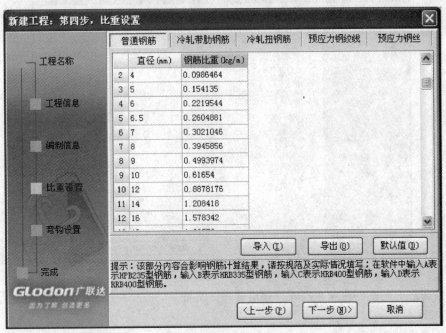

图 1.1.6

（6）点击"下一步"按钮，进入"弯钩设置"界面，如图 1.1.7 所示。

提示：该部分内容图纸没有特殊要求，可以不作修改。

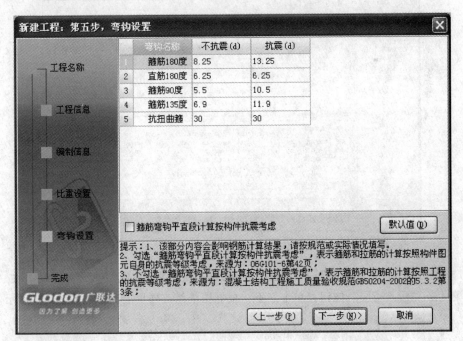

图 1.1.7

（7）点击"下一步"按钮，进入"完成"界面，如图 1.1.8 所示。

提示：此对话框是检查前面填写的信息是否正确，如果不正确，单击"上一步"返回可进行修改，经确认无误后则进行下一步操作。

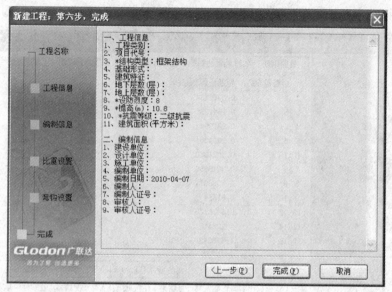

图 1.1.8

（8）点击"完成"按钮，进入"楼层管理"界面。

1.2 建立楼层

进入"楼层管理"界面，如图 1.2.1 所示。

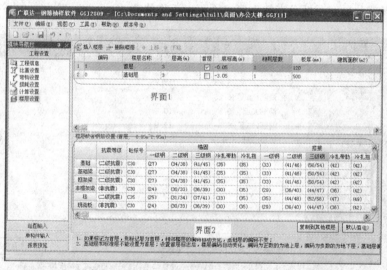

图 1.2.1

（1）界面分为两部分，"界面 1"与"界面 2"，根据图纸建施 -08 设定楼层，在"界面 1"左键点击"插入楼层"按钮，单击三下，根据图纸修改楼层层高，如图 1.2.2 所示。

	编码	楼层名称	层高(m)	首层	底标高(m)	相同层数	板厚(mm)	建筑面积(m2)
1	4	屋面层	0.6	☐	10.75	1	120	
2	3	第3层	3.6	☐	7.15	1	120	
3	2	第2层	3.6	☐	3.55	1	120	
4	1	首层	3.6	☑	-0.05	1	120	
5	0	基础层	1.45	☐	-1.5	1	500	

图 1.2.2

提示：①这里可以修改"楼层名称"为"屋面层"。②这里软件默认的板厚120，可以先不用照图修改，在后面计算板钢筋时再照图修改。

（2）根据图纸建施－01与结施－01设计的混凝土强度等级与保护层厚度，在软件中设置，如图1.2.3所示。

（3）现在修改了"首层"的混凝土强度等级与保护层厚度，修改其他层时，可进行如下操作，在目前界面下，点击"复制到其他楼层"，如图1.2.4所示，点击"确定"按钮。

提示：①根据图纸要求选定楼层，目前这个工程整楼全部相同，所以全部"选中"。②影响钢筋长度计算结果因素的有锚固、搭接值、保护层厚度、构件长度，但钢筋的锚固与搭接值由混凝土强度等级、抗震等级、钢筋直径决定，所以在此要按照图纸设定混凝土强度等级、抗震等级，这样软件会自动判断锚固、搭接值。

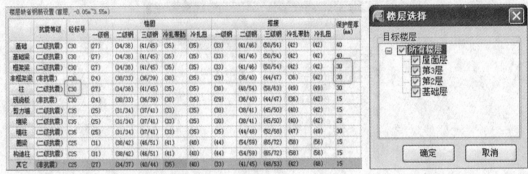

图 1.2.3   图 1.2.4

（4）根据图纸结施－01要求，点击"计算设置"后，再点击"搭接设置"，出现以下界面，按照图纸要求，修改后界面，如图1.2.5所示。

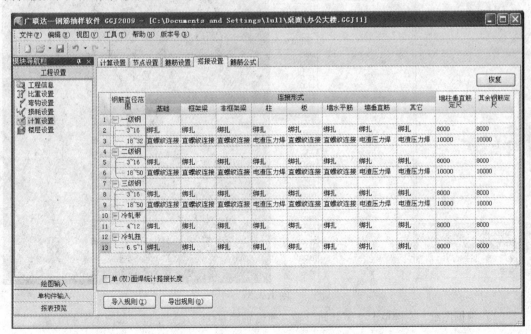

图 1.2.5

提示：修改时按图纸要求，设定"钢筋直径范围"，直径在 18 ～ 50 的，选择"直螺纹连接"，直径小于 18 的（直径 3 ～ 16）的选择"绑扎"，当输入相应的范围数值时，软件会自动判断区域。

1.3 建立轴网

（1）左键点击"构件列表"、"属性"两个功能键，如图 1.3.1 所示。

图 1.3.1

选择模块导航栏中的"轴网"，左键单击构件列表中的"新建"，如图 1.3.2 所示。

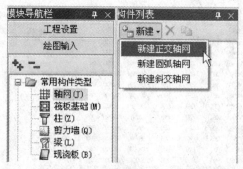

图 1.3.2

左键单击"新建正交轴网"进入"新建轴网"界面，如图 1.3.3 所示。

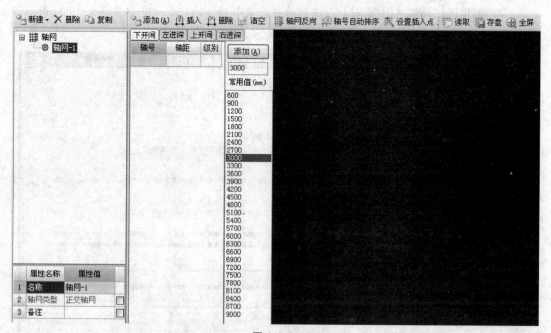

图 1.3.3

（2）根据图纸，左键单击"下开间"输入所需轴距 6000，敲回车键，如图 1.3.4 所示。

图 1.3.4

根据图纸依次输入上开间所需的轴距，如图 1.3.5 所示。

下开间	左进深	上开间	右进深

轴号	轴距	级别
1	6000	2
2	3300	1
3	6000	1
4	6000	1
5	7200	1
6	6000	1
7	6000	1
8	3300	1
9	6000	1
10		2

添加(A)

6000

常用值(mm)

600
900
1200
1500
1800
2100
2400
2700
3000
3300
3600

图 1.3.5

（3）同理，根据图纸输入所需的所有轴距，如图 1.3.6 所示。

下开间	左进深	上开间	右进深

轴号	轴距	级别
A	6000	2
B	3000	1
C	6000	1
D		2

添加(A)

6000

常用值(mm)

600
900
1200
1500
1800
2100
2400
2700
3000
3300
3600
3900
4200
4500
4800
5100
5400
5700
6000
6300
6600
6900
7200
7500
7800
8100
8400
8700
9000

图 1.3.6

左键单击"绘图"进入"绘图界面"，如图 1.3.7 所示。

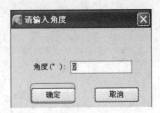

请输入角度

角度(°)：0

确定　　取消

图 1.3.7

左键单击"确定"出现界面，如图 1.3.8 所示。

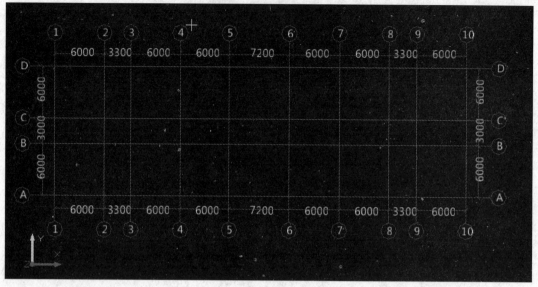

图 1.3.8

到此轴网建立完成。

第2单元 首层构件的属性、画法及汇总工程量

2.1 首层柱的属性及画法

2.1.1 柱的建法

1) KZ-1 的属性建法

操作步骤：

(1) 单击左侧导航栏"柱"，展开下拉菜单，单击"柱"。

(2) 左键单击"构件列表"对话框中的"新建"，单击"新建矩形柱"，如图2.1.1所示。

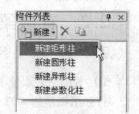

图 2.1.1

(3) 单击"属性"按钮，出现"属性编辑器"对话框，根据图纸结施-02填写KZ-1的钢筋信息，如图2.1.2所示。

2) Z1 200×200 建法

Z1 的建法与 KZ-1 的建法完全相同，Z1 建好后，属性如图2.1.3所示。

图 2.1.2　　　　　　　　　　图 2.1.3

点击工具栏"选择构件"按钮，退出"属性编辑器"界面，进入绘图界面。

2.1.2 柱的画法

从首层平面图可以看出，1~5轴与6~10轴的构件是完全对称的，我们可以先画1~5轴的构件，然后利用"镜像"功能，把其他构件画好。

1) KZ-1 的画法

打开图纸结施-02，单击模块导航栏中"柱"下拉菜单，单击"柱"，从构件列表界面中选择 KZ-1，左键单击"点"画法，单击（A，1）交点就可以了，其他1~5轴线不偏移柱子的画法同上。

2) Z1 的画法

(1) 选择Z1后，光标放在（D，2）交点，点击 Shift 键，单击鼠标左键，弹出偏移对话框，填写偏移值 X = 0，Y = -1250，如图2.1.4所示左键点击"确定"按钮，Z1 就画好了，另一个 Z1 画法相同。

图 2.1.4

（2）单击"选择"按钮，选中所有柱子，单击右键，在菜单栏里选择"镜像"，单击界面下方捕捉工具栏中的"中点"，单击5~6轴线间的两处中点（黄色小三角），出现如图2.1.5所示对话框。

左键单击"否"即可。

图2.1.5

2.2 首层梁的属性及画法

2.2.1 横梁的属性建法

1）KL1 的属性建法

打开图纸结施－03，现以 KL1 为例：

（1）单击左侧模块导航栏"梁"，展开下拉菜单，单击"梁"。

（2）单击"新建"下拉菜单，单击"新建矩形梁"，根据图纸结施－03，在"属性编辑器"对话框中，填写 KL1 的钢筋信息，如图2.2.1所示。

KL2、KL3、KL4 建属性方法同 KL1。建好后的属性如图2.2.2~图2.2.4所示。

	属性名称	属性值	附加
1	名称	KL1	
2	类别	楼层框架梁	☐
3	截面宽度(mm)	300	☐
4	截面高度(mm)	600	☐
5	轴线距梁左边线距	(150)	☐
6	跨数量		☐
7	箍筋	A10@100/200 (2)	☐
8	肢数	2	
9	上部通长筋	4B25	☐
10	下部通长筋	4B25	☐
11	侧面纵筋		☐
12	拉筋		☐
13	其他箍筋		
14	备注		☐
15	⊞ 其他属性		
23	⊞ 锚固搭接		

图2.2.1

	属性名称	属性值	附加
1	名称	KL2	
2	类别	楼层框架梁	☐
3	截面宽度(mm)	300	☐
4	截面高度(mm)	600	☐
5	轴线距梁左边线距	(150)	☐
6	跨数量		☐
7	箍筋	A10@100/200 (2)	☐
8	肢数	2	
9	上部通长筋	2B25	☐
10	下部通长筋	4B25	☐
11	侧面纵筋		☐
12	拉筋		☐
13	其他箍筋		
14	备注		☐
15	⊞ 其他属性		
23	⊞ 锚固搭接		

图2.2.2

	属性名称	属性值	附加
1	名称	KL3	
2	类别	楼层框架梁	☐
3	截面宽度(mm)	300	☐
4	截面高度(mm)	600	☐
5	轴线距梁左边线距	(150)	☐
6	跨数量		☐
7	箍筋	A10@100/200 (2)	☐
8	肢数	2	
9	上部通长筋	2B25	☐
10	下部通长筋	4B25	☐
11	侧面纵筋		☐
12	拉筋		☐
13	其他箍筋		
14	备注		☐
15	⊞ 其他属性		
23	⊞ 锚固搭接		

图2.2.3

	属性名称	属性值	附加
1	名称	KL4	
2	类别	楼层框架梁	☐
3	截面宽度(mm)	300	☐
4	截面高度(mm)	600	☐
5	轴线距梁左边线距	(150)	☐
6	跨数量		☐
7	箍筋	A10@100/200 (2)	☐
8	肢数	2	
9	上部通长筋	2B25	☐
10	下部通长筋		☐
11	侧面纵筋		☐
12	拉筋		☐
13	其他箍筋		
14	备注		☐
15	⊞ 其他属性		
23	⊞ 锚固搭接		

图2.2.4

2) L1 的属性建法

L1 的属性建法与 KL1 完全相同，需要区别的是两道梁的"类别"不同。L1 属性建好后，如图 2.2.5 所示，需要注意修改 L1 顶标高。

L3 的属性建法与 L1 完全相同，建好的属性如图 2.2.6 所示。

图 2.2.5　　　　　　　　　　　图 2.2.6

2.2.2　横梁的画法

1) KL1 的画法

（1）打开图纸结施-03，选择 KL1，单击"直线"画法，左键单击（1，A）轴线交点，单击（10，A）轴线相交点，单击右键结束。

（2）其他框架梁的画法：按照图纸位置画入"框架梁"，画法与画"KL1"相同。

（3）KL1、KL4 为偏心构件，即构件的中心线与轴线不重合，画完图后需要与柱对齐，单击"选择"按钮，单击"对齐"下拉框中的"单图元对齐"，单击 A 轴线上任意一根柱子的下边线，单击梁下边线的任意一点，单击 D 轴线上任意一根柱子的上边线，单击梁上边线的任意一点，鼠标右键确认即可。

2) L1 的画法

（1）选择 L1，根据图纸所示位置，按住键盘上 Shift，单击（1，C）轴交点，出现"输入偏移值"对话框，输入偏移值后，如图 2.2.7 所示，点击"确定"按钮。

图 2.2.7

（2）单击下方的"垂点"按钮，再单击2轴线，单击右键结束。

提示：一般"垂点"按钮在进入软件后就是默认点开的，所以可以不用再点"垂点"。

3）L3 的画法

单击"梁"下拉菜单，选择 L3，根据图纸所示位置，单击（5，D）轴交点，移动鼠标选择工具栏中"顺小弧"画法，输入半径 5070，然后点击（6，D）轴交点，点击右键结束。

2.2.3 纵梁的属性建法

打开图纸结施-04，纵梁的属性建法与横梁的属性建法完全相同，建好后纵梁属性如图 2.2.8 ~ 图 2.2.13 所示。

属性编辑器			🔲 ×
	属性名称	属性值	附加
1	名称	KL5	
2	类别	楼层框架梁	☐
3	截面宽度 (mm)	300	☐
4	截面高度 (mm)	600	☐
5	轴线距梁左边线距	(150)	☐
6	跨数量		
7	箍筋	A10@100/200 (4)	☐
8	肢数	4	
9	上部通长筋	2B25+ (2B12)	☐
10	下部通长筋		
11	侧面纵筋		
12	拉筋		
13	其他箍筋		
14	备注		☐
15	⊞ 其他属性		
23	⊞ 锚固搭接		

图 2.2.8

属性编辑器			🔲 ×
	属性名称	属性值	附加
1	名称	KL6	
2	类别	楼层框架梁	☐
3	截面宽度 (mm)	300	☐
4	截面高度 (mm)	600	☐
5	轴线距梁左边线距	(150)	☐
6	跨数量		
7	箍筋	A10@100/200 (2)	☐
8	肢数	2	
9	上部通长筋	2B25	
10	下部通长筋		
11	侧面纵筋	G4B16	
12	拉筋	(A6)	
13	其他箍筋		
14	备注		☐
15	⊞ 其他属性		
23	⊞ 锚固搭接		

图 2.2.9

属性编辑器			🔲 ×
	属性名称	属性值	附加
1	名称	KL8	
2	类别	楼层框架梁	☐
3	截面宽度 (mm)	300	☐
4	截面高度 (mm)	600	☐
5	轴线距梁左边线距	(150)	☐
6	跨数量		
7	箍筋	A10@100/200 (2)	☐
8	肢数	2	
9	上部通长筋	2B25	
10	下部通长筋		
11	侧面纵筋		
12	拉筋		
13	其他箍筋		
14	备注		☐
15	⊞ 其他属性		
23	⊞ 锚固搭接		

图 2.2.10

属性编辑器			🔲 ×
	属性名称	属性值	附加
1	名称	KL9	
2	类别	楼层框架梁	☐
3	截面宽度 (mm)	300	☐
4	截面高度 (mm)	600	☐
5	轴线距梁左边线距	(150)	☐
6	跨数量		
7	箍筋	A10@100/200 (2)	☐
8	肢数	2	
9	上部通长筋	2B25	
10	下部通长筋		
11	侧面纵筋		
12	拉筋		
13	其他箍筋		
14	备注		☑
15	⊞ 其他属性		
23	⊞ 锚固搭接		

图 2.2.11

	属性名称	属性值	附加
1	名称	KL9	
2	类别	楼层框架梁	☐
3	截面宽度(mm)	300	☐
4	截面高度(mm)	600	☐
5	轴线距梁左边线距	(150)	☐
6	跨数量		☐
7	箍筋	A10@100/200 (2)	☐
8	肢数	2	
9	上部通长筋	2B25	☐
10	下部通长筋		☐
11	侧面纵筋		☐
12	拉筋		☐
13	其他箍筋		
14	备注		☑
15	⊞ 其他属性		
23	⊞ 锚固搭接		

图 2.2.12

	属性名称	属性值	附加
1	名称	L2	
2	类别	非框架梁	☐
3	截面宽度(mm)	250	☐
4	截面高度(mm)	500	☐
5	轴线距梁左边线距	(125)	☐
6	跨数量		
7	箍筋	A8@200 (2)	☐
8	肢数	2	
9	上部通长筋	2B16	☐
10	下部通长筋	3B18	☐
11	侧面纵筋		☐
12	拉筋		☐
13	其他箍筋		
14	备注		
15	⊟ 其他属性		
16	汇总信息	梁	☐
17	保护层厚度(mm)	(30)	☐
18	计算设置	按默认计算设置	
19	节点设置	按默认节点设置	
20	搭接设置	按默认搭接设置	
21	起点顶标高(m)	3.45	☐
22	终点顶标高(m)	3.45	☐
23	⊞ 锚固搭接		

图 2.2.13

2.2.4　纵梁的画法

（1）纵梁的画法与横梁完全相同，完成 1～5 纵梁的绘图。由于 1 轴与 10 轴的梁需要与柱平齐，需要利用"单图元对齐"的功能设置，下面就 1 轴线上的 KL5 进行具体操作介绍：

①单击"选择"按钮，单击"对齐"下拉框中的"单图元对齐"。

②单击 1 轴线上任意一根柱子的左边线，单击梁左边线的任意一点，鼠标右键确认即可。

（2）1 轴线的 KL5 与柱平齐后，与其垂直的梁现没有相交，所以下面进行"延伸"操作。

①在英文状态下按"Z"键取消柱子显示状态，单击"选择"按钮，单击"延伸"。

②单击 1 轴的梁作为目的线，分别单击与 1 轴垂直的所有梁，单击右键结束。

③单击 A 轴的梁作为目的线，分别单击与 A 轴垂直的所有梁，单击右键结束。

④单击 D 轴的梁作为目的线，分别单击与 D 轴垂直的所有梁，单击右键结束。

点击工具栏"镜像"按钮，按照状态栏提示进行镜像操作，将 1～5 轴的梁构件镜像到 6～10 轴，画好后如图 2.2.14 所示。

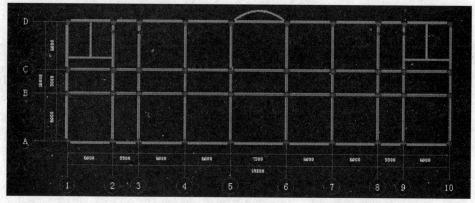

图 2.2.14

2.2.5 横梁的原位标注

1) KL1 原位标注

（1）单击工具栏"原位标注"下拉菜单"梁平法表格"，如图 2.2.15 所示，出现"梁平法表格"输入框。

图 2.2.15

（2）单击 KL1，对照图纸在"梁平法表格"中输入信息，输入后如图 2.2.16 所示，点击右键，KL1 由粉红色变为绿色。

正交 对象捕捉 动态输入 ╳ 交点 ▎垂点 ─ 中点 ○ 顶点 坐标 不偏移 ✓ X= 0 mm Y= 0 mm □ 旋转 0.000

复制跨数据 粘贴跨数据 输入当前列数据 删除当前列数据 页面设置 调换起始跨 悬臂钢筋代号

	跨号	标高(m)		构件尺寸(mm)							上通长筋	上部钢筋			下部
		起点标高	终点标高	A1	A2	A3	A4	跨长	截面(B*H)	距左边线距离		左支座钢筋	跨中钢筋	右支座钢筋	下通长筋
1	1	3.55	3.55	(150)	(550)	(350)		(6200)	300*600	(150)	4B25				4B25
2	2	3.55	3.55		(350)	(350)		(3300)	300*600	(150)					
3	3	3.55	3.55		(350)	(350)		(6000)	300*600	(150)					
4	4	3.55	3.55		(350)	(350)		(6000)	300*600	(150)					
5	5	3.55	3.55		(350)	(350)		(7200)	300*700	(150)					
6	6	3.55	3.55		(350)	(350)		(6000)	300*600	(150)					
7	7	3.55	3.55		(350)	(350)		(6000)	300*600	(150)					
8	8	3.55	3.55		(350)	(350)		(3300)	300*600	(150)					
9	9	3.55	3.55		(350)	(550)	(150)	(6200)	300*600	(150)					

图 2.2.16

2) KL2 原位标注

（1）单击"梁平法表格"。

（2）单击 KL2，对照图纸输入 KL2 原位标注信息，如图 2.2.17 所示。

复制跨数据 粘贴跨数据 输入当前列数据 删除当前列数据 页面设置 调换起始跨 悬臂钢筋代号

	跨号	标高(m)		构件尺寸(mm)							上通长筋	上部钢筋			下部钢筋	
		起点标高	终点标高	A1	A2	A3	A4	跨长	截面(B*H)	距左边线		左支座钢筋	跨中钢筋	右支座钢	下通长筋	下部钢筋
1	1	3.55	3.55	(150)	(350)	(350)		(6200)	300*600	(150)	2B25	4B25			4B25	
2	2	3.55	3.55		(350)	(350)		(3300)	300*600	(150)		4B25				
3	3	3.55	3.55		(350)	(350)		(6000)	300*600	(150)		4B25				
4	4	3.55	3.55		(350)	(350)		(6000)	300*600	(150)		4B25				
5	5	3.55	3.55		(350)	(350)		(7200)	300*700	(150)		4B25				
6	6	3.55	3.55		(350)	(350)		(6000)	300*600	(150)		4B25				
7	7	3.55	3.55		(350)	(350)		(3300)	300*600	(150)		4B25				
8	8	3.55	3.55		(350)	(550)	(150)	(6200)	300*600	(150)		4B25				
9	9	3.55	3.55		(350)	(550)	(150)	(6200)	300*600	(150)		4B25		4B25		

图 2.2.17

3) 其他横梁的原位标注输入

输入其他横梁原位标注，KL3 如图 2.2.18 所示。

复制跨数据 粘贴跨数据 输入当前列数据 删除当前列数据 页面设置 调换起始跨 悬臂钢筋代号

	跨号	标高(m)		构件尺寸(mm)							上通长筋	上部钢筋			下部钢筋	
		起点标高	终点标高	A1	A2	A3	A4	跨长	截面(B*H)	距左边线		左支座钢筋	跨中钢筋	右支座钢	下通长筋	下部钢筋
1	1	3.55	3.55	(150)	(550)	(350)		(6200)	300*600	(150)	2B25	6B25 4/2			4B25	
2	2	3.55	3.55		(350)	(350)		(3300)	300*600	(150)		6B25 4/2				
3	3	3.55	3.55		(350)	(350)		(6000)	300*600	(150)		6B25 4/2				
4	4	3.55	3.55		(350)	(350)		(6000)	300*600	(150)		6B25 4/2				
5	5	3.55	3.55		(350)	(350)		(7200)	300*700	(150)		6B25 4/2				
6	6	3.55	3.55		(350)	(350)		(6000)	300*600	(150)		6B25 4/2				
7	7	3.55	3.55		(350)	(350)		(6000)	300*600	(150)		6B25 4/2				
8	8	3.55	3.55		(350)	(350)		(3300)	300*600	(150)		6B25 4/2				
9	9	3.55	3.55		(350)	(550)	(150)	(6200)	300*600	(150)		6B25 4/2		6B25 4/2		

图 2.2.18

KL4 如图 2.2.19、图 2.2.20 所示。

跨号		标高(m)		构件尺寸(mm)							上通长筋	上部钢筋			下部钢筋	
		起点标高	终点标高	A1	A2	A3	A4	跨长	截面(B*H)	距左边线		左支座钢筋	跨中钢筋	右支座钢	下通长筋	下部钢筋
1	1	3.55	3.55	(150)	(550)	(350)		(6200)	300*600	(150)	2B25	6B25 4/2				6B25 2/4
2	2	3.55	3.55		(350)	(350)		(3300)	300*600	(150)		6B25 4/2				6B25 2/4
3	3	3.55	3.55		(350)	(350)		(6000)	300*600			6B25 4/2				6B25 2/4
4	4	3.55	3.55		(350)	(350)		(6000)	300*600			6B25 4/2				6B25 2/4
5	5	3.55	3.55		(350)	(350)		(7200)	300*700			6B25 4/2				6B25 2/4
6	6	3.55	3.55		(350)	(350)		(6000)	300*600			6B25 4/2				6B25 2/4
7	7	3.55	3.55		(350)	(350)		(6000)	300*600			6B25 4/2				6B25 2/4
8	8	3.55	3.55		(350)	(350)		(3300)	300*600			6B25 4/2				6B25 2/4
9	9	3.55	3.55		(350)	(550)	(150)	(6200)	300*600	(150)		6B25 4/2	6B25 4/2			6B25 2/4

图 2.2.19

跨号		拉筋	箍筋	肢数	次梁宽度	次梁加筋	吊筋	吊筋锚固	箍筋加密长度	腰长	腰高	加腋钢筋	其他箍筋
1	1		A10@100/200 (2)	2	250	0	2B18	20*d	max (1.5*h, 50)				
2	2		A10@100/200 (2)	2					max (1.5*h, 50)				
3	3		A10@100/200 (2)	2					max (1.5*h, 50)				
4	4		A10@100/200 (2)	2					max (1.5*h, 50)				
5	5		A10@100/200 (2)	2					max (1.5*h, 50)				
6	6		A10@100/200 (2)	2					max (1.5*h, 50)				
7	7		A10@100/200 (2)	2					max (1.5*h, 50)				
8	8		A10@100/200 (2)	2					max (1.5*h, 50)				
9	9		A10@100/200 (2)	2	250	0	2B18	20*d	max (1.5*h, 50)				

图 2.2.20

L1 如图 2.2.21、图 2.2.22 所示。

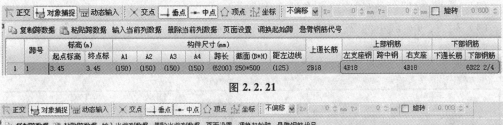

跨号		标高(m)		构件尺寸(mm)							上通长筋	上部钢筋			下部钢筋	
		起点标高	终点标	A1	A2	A3	A4	跨长	截面(B*H)	距左边线		左支座钢	跨中钢	右支座	下通长筋	下部钢筋
1	1	3.45	3.45	(150)	(150)			(6200)	250*500	(125)	2B18	4B18	4B18			6B22 2/4

图 2.2.21

跨号		侧面钢筋			箍筋	肢数	次梁宽度	次梁加筋	吊筋	吊筋锚固	箍筋加密长度	腰长
		侧面通长筋	侧面原位标注筋	拉筋								
1	1				A8@200 (2)	2	250	0	2B18	20*d	max (1.5*h, 50)	

图 2.2.22

2.2.6 纵梁原位标注

1) 1~5 轴纵梁的原位标注

纵梁和横梁的输入梁原位标注的方法相同，KL5 如图 2.2.23、图 2.2.24 所示。

跨号		(m)	构件尺寸(mm)							上通长筋	上部钢筋			下部钢筋	
		终点标高	A1	A2	A3	A4	跨长	截面(B*H)	距左边线		左支座钢筋	跨中钢筋	右支座钢	下通长筋	下部钢筋
1	1	3.55	(150)	(450)	(300)		(6150)	300*600	(150)	2B25	6B25 4/2	(2B12)			6B25 2/4
2	2	3.55		(300)	(300)		(3000)	300*600	(150)		6B25 4/2				4B25
3	3	3.55		(300)	(450)	(150)	(6150)	300*600	(150)		6B25 4/2	(2B12)	6B25 4/2		6B25 2/4

图 2.2.23

跨号		侧面钢筋			箍筋	肢数	次梁宽度	次梁加筋	吊筋	吊筋锚固	箍筋加密长度	腰长
		侧面通长筋	侧面原位标注筋	拉筋								
1	1				A10@100/200 (4)	4					max (1.5*h, 50)	
2	2				A10@100/200 (4)	4					max (1.5*h, 50)	
3	3				A10@100/200 (4)	4	250	8A10			max (1.5*h, 50)	

图 2.2.24

KL6 如图 2.2.25、图 2.2.26 所示。

复制跨数据　粘贴跨数据　输入当前列数据　删除当前列数据　页面设置　调换起始跨　悬臂钢筋代号

	跨号	i(m) 终点标高	A1	A2	A3	A4	跨长	截面(B*H)	距左边线	上通长筋	左支座钢筋	跨中钢筋	右支座钢	下通长筋	下部钢筋	侧面通长筋
1	1	3.55	(150)	(450)	(300)		(6150)	300*600	(150)	2B25					6B25 2/4	G4B16
2	2	3.55		(300)	(300)		(3000)	300*600	(150)		6B25 4/2				4B25	
3	3	3.55		(300)	(450)	(150)	(6150)	300*600	(150)		6B25 4/2		6B25 4/2		6B25 2/4	

图 2.2.25

正交　对象捕捉　动态输入　交点　垂点　中点　顶点　坐标　不偏移　X=　0　mm Y=　0　mm　旋转

复制跨数据　粘贴跨数据　输入当前列数据　删除当前列数据　页面设置　调换起始跨　悬臂钢筋代号

	跨号	拉筋	箍筋	肢数	次梁宽度	次梁加筋	吊筋	吊筋锚固	箍筋加密长度	腰长	腰高
1	1	(A6)	A10@100/200 (2)	2					max (1.5*h, 50)		
2	2	(A6)	A10@100/200 (2)	2					max (1.5*h, 50)		
3	3	(A6)	A10@100/200 (2)	2	250	8A10			max (1.5*h, 50)		

图 2.2.26

提示：按照图纸上所提供的信息，KL6 是 3 跨，但是软件所显示的是 4 跨，与图纸不符，我们需要做的是把多余的支座删除，操作如下：

（1）单击"选择"，选中 2 轴线上的 KL6；

（2）单击"重提梁跨"下拉菜单，选择"删除支座"；

（3）点击"Z1"所在的支座，右键确认完成；

（4）3、8、9 轴线上的梁，删除支座的方法相同。

KL7 如图 2.2.27 所示。

复制跨数据　粘贴跨数据　输入当前列数据　删除当前列数据　页面设置　调换起始跨　悬臂钢筋代号

	跨号	起点标高	终点标高	A1	A2	A3	A4	跨长	截面(B*H)	距左边线	上通长筋	左支座钢筋	跨中钢筋	右支座钢	下通长筋	下部钢筋	侧面通长筋
1	1	3.55	3.55	(150)	(450)	(300)		(6150)	300*600	(150)	2B25					6B25 2/4	N4B16
2	2	3.55	3.55		(300)	(300)		(3000)	300*600	(150)		6B25 4/2				4B25	
3	3	3.55	3.55		(300)	(450)	(150)	(6150)	300*600	(150)		6B25 4/2		6B25 4/2		6B25 2/4	

图 2.2.27

KL8 如图 2.2.28 所示。

正交　对象捕捉　动态输入　交点　垂点　中点　顶点　坐标　不偏移　X=　0　mm Y=　0　mm　旋转　0.000

复制跨数据　粘贴跨数据　输入当前列数据　删除当前列数据　页面设置　调换起始跨　悬臂钢筋代号

	跨号	起点	终点	A1	A2	A3	A4	跨长	截面(B*H)	距左边线	上通长筋	左支座钢	跨中钢筋	右支座钢筋	下通长筋	下部钢筋	侧面通长筋
1	1	3.55	3.55	(150)	(450)	(300)		(6150)	300*600	(150)	2B25	6B25 2/4		6B25 4/2		6B25 2/4	N4B16
2	2	3.55	3.55		(300)	(300)		(3000)	300*600	(150)			4B25			4B25	
3	3	3.55	3.55		(300)	(450)	(150)	(6150)	300*600	(150)		6B25 2/4		6B25 2/4		6B25 2/4	

图 2.2.28

KL9 如图 2.2.29 所示。

复制跨数据　粘贴跨数据　输入当前列数据　删除当前列数据　页面设置　调换起始跨　悬臂钢筋代号

	跨号	起点标高	终点标高	A1	A2	A3	A4	跨长	截面(B*H)	距左边线	上通长筋	左支座钢筋	跨中钢筋	右支座钢	下通长筋	下部钢筋
1	1	3.55	3.55	(150)	(450)	(300)		(6150)	300*600	(150)	2B25	2B25+2B22				6B25 2/4
2	2	3.55	3.55		(300)	(300)		(3000)	300*600	(150)		2B25+2B22				4B25
3	3	3.55	3.55		(300)	(450)	(150)	(6150)	300*600	(150)		2B25+2B22		2B25+2B2		6B25 2/4

图 2.2.29

2）L2 原位标注

（1）单击工具栏"原位标注"下拉菜单"梁平法表格"；

（2）单击 L2，对照图纸发现 L2 没有原位标注信息，这时只要点击右键，L2 由粉红色变为绿色。

3）其他梁原位标注

在图纸中 1~5 轴与 6~10 轴都是对称的，1~5 轴的框架梁进行原位标注后，这时可利用工具栏"应用同名梁"快速把 6~10 轴的梁进行原位标注。现以 KL5 为例操作如下：

（1）左键点击工具栏"应用同名梁"；

（2）单击绘图区 KL5，弹出对话框，如图 2.2.30 所示，选择"同名称未识别的梁"点击"确定"；

（3）弹出对话框，如图 2.2.31 所示，提示在绘图区有一道与 KL5 信息相同的梁已经进行原位标注。

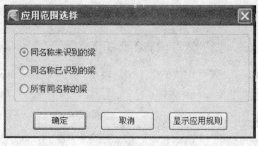

图 2.2.30

图 2.2.31

其他梁的原位标注操作与以上操作完全相同。

2.2.7　汇总计算工程量

单击工具栏"汇总计算"按钮，出现汇总计算对话框，如图 2.2.32 所示。

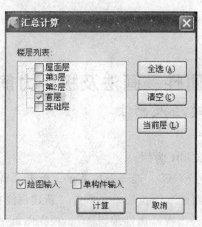

图 2.2.32

单击"计算"，等计算完毕单击"确定"。

1）查看选定范围的梁的钢筋量

点击工具栏"查看钢筋量"后，在绘图区单击点选梁或者拉框选择梁，在绘图区下方会出现"钢筋量"表格，显示出你所选梁的钢筋量。

2）查看某一道梁的具体计算公式

点击工具栏"编辑钢筋"后，在绘图区点击需要查看的梁 L1，如图 2.2.33 所示。

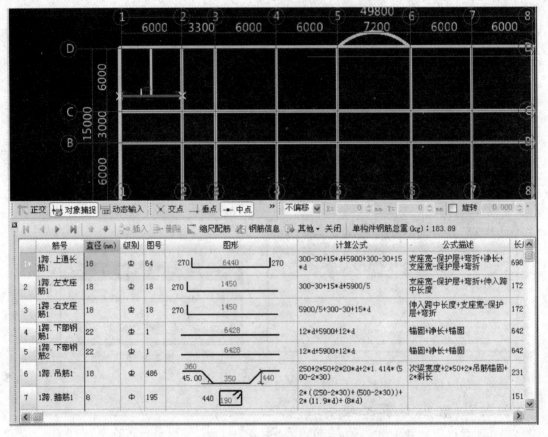

图 2.2.33

2.3 首层板的属性、画法及板受力筋属性、画法

2.3.1 板的属性建法及画法

1）LB1 的属性建法

打开图纸结施 -06，现以 LB1 为例。

（1）单击左侧模块导航栏"板"，展开下拉菜单，单击"现浇板"；

（2）单击构件列表中"新建"下拉菜单，单击"新建现浇板"；

（3）单击"属性"按钮，出现"属性编辑框"，根据图纸结施 -06 填写 LB1 的信息，如图 2.3.1 所示。

马凳筋的输入方法：

（1）点击"属性编辑"中第六条"马凳筋参数图形"对应的属性值列，出现"三点"如图 2.3.2 所示；

	属性编辑器		📌 ✕
	属性名称	属性值	附加
1	名称	LB1	
2	混凝土强度等级	(C30)	☐
3	厚度(mm)	150	☐
4	顶标高(m)	层顶标高	☐
5	保护层厚度(mm)	(15)	☐
6	马凳筋参数图	Ⅱ型	
7	马凳筋信息	B12@1000	☐
8	线形马凳筋方向	平行横向受力筋	☐
9	拉筋		
10	马凳筋数量计算方式	向上取整+1	☐
11	拉筋数量计算方式	向下取整+1	☐
12	归类名称	(LB1)	☐
13	汇总信息	现浇板	☐
14	备注		☐

图 2.3.1

	属性编辑器		📌 ✕
	属性名称	属性值	附加
1	名称	LB1	
2	混凝土强度等级	(C30)	☐
3	厚度(mm)	(120)	☐
4	顶标高(m)	层顶标高	☐
5	保护层厚度(mm)	(15)	☐
6	马凳筋参数图		⋯ ☐
7	马凳筋信息		☐
8	线形马凳筋方向	平行横向受力筋	☐
9	拉筋		
10	马凳筋数量计算方式	向上取整+1	☐
11	拉筋数量计算方式	向上取整+1	☐
12	归类名称	(LB1)	☐
13	汇总信息	现浇板	☐
14	备注		☐

图 2.3.2

（2）点击"三点"进入"马凳筋设置"界面，单击"Ⅱ型"马凳，填写马凳各值，如图 2.3.3 所示，填定马凳筋信息为"B12@1000"；

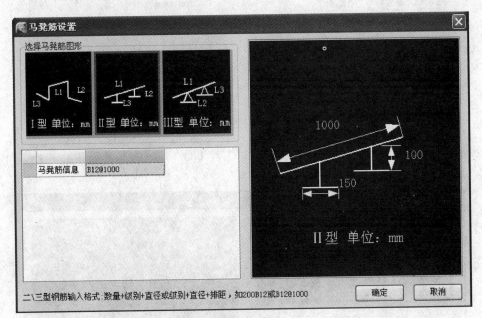

图 2.3.3

（3）单击"确定"。

这里选用的马凳筋是施工中常用的Ⅱ型马凳，图纸没有对此规定。

2）其他楼板属性建法

方法同 LB1，建好后的属性如图 2.3.4 ~ 图 2.3.7 所示。

	属性名称	属性值	附加
1	名称	LB2	
2	混凝土强度等级	(C30)	☐
3	厚度(mm)	150	☐
4	顶标高(m)	层顶标高	☐
5	保护层厚度(mm)	(15)	☐
6	马凳筋参数图	II型	
7	马凳筋信息	B12@1000	☐
8	线形马凳筋方向	平行横向受力筋	☐
9	拉筋		
10	马凳筋数量计算方式	向上取整+1	
11	拉筋数量计算方式	向下取整+1	
12	归类名称	(LB2)	☐
13	汇总信息	现浇板	☐
14	备注		☐

图 2.3.4

	属性名称	属性值	附加
1	名称	LB3	
2	混凝土强度等级	(C30)	☐
3	厚度(mm)	100	☐
4	顶标高(m)	层顶标高	☐
5	保护层厚度(mm)	(15)	☐
6	马凳筋参数图	II型	
7	马凳筋信息	B12@1000	☐
8	线形马凳筋方向	平行横向受力筋	☐
9	拉筋		
10	马凳筋数量计算方式	向上取整+1	
11	拉筋数量计算方式	向下取整+1	
12	归类名称	(LB3)	☐
13	汇总信息	现浇板	☐
14	备注		☐

图 2.3.5

	属性名称	属性值	附加
1	名称	LB4	
2	混凝土强度等级	(C30)	☐
3	厚度(mm)	100	☐
4	顶标高(m)	3.45	☐
5	保护层厚度(mm)	(15)	☐
6	马凳筋参数图	II型	
7	马凳筋信息	B12@1000	☐
8	线形马凳筋方向	平行横向受力筋	☐
9	拉筋		
10	马凳筋数量计算方式	向上取整+1	
11	拉筋数量计算方式	向下取整+1	
12	归类名称	(LB4)	☐
13	汇总信息	现浇板	☐
14	备注		☐

图 2.3.6

	属性名称	属性值	附加
1	名称	LB5	
2	混凝土强度等级	(C30)	☐
3	厚度(mm)	100	☐
4	顶标高(m)	层顶标高	☐
5	保护层厚度(mm)	(15)	☐
6	马凳筋参数图	II型	
7	马凳筋信息	B12@1000	☐
8	线形马凳筋方向	平行横向受力筋	☐
9	拉筋		
10	马凳筋数量计算方式	向上取整+1	
11	拉筋数量计算方式	向下取整+1	
12	归类名称	(LB5)	☐
13	汇总信息	现浇板	☐
14	备注		☐

图 2.3.7

提示：LB1 与 LB2 的马凳筋信息相同，LB3 与 LB4、LB5 的马凳筋信息相同。LB3 与 LB4、LB5 的马凳筋信息如图 2.3.8 所示。

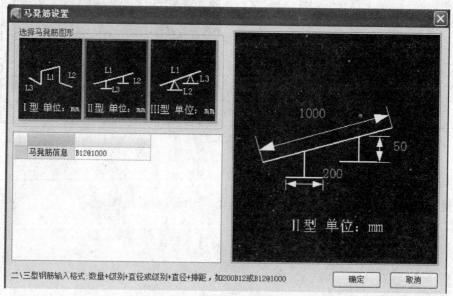

图 2.3.8

2.3.2　板的画法

LB1 的画法：

（1）单击"板"，选择"LB1"；

（2）单击"点"画法，对照图纸分别单击 LB1 的区域，如图 2.3.9 所示；

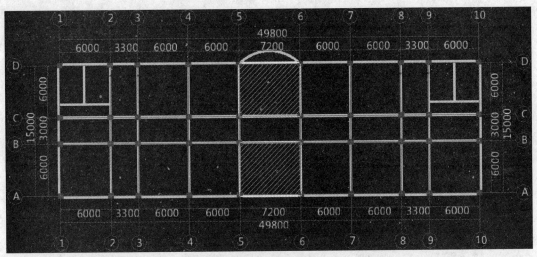

图 2.3.9

（3）采用同样方法将 LB2、LB3、LB4、LB5 画到对应的位置，如图 2.3.10 所示。

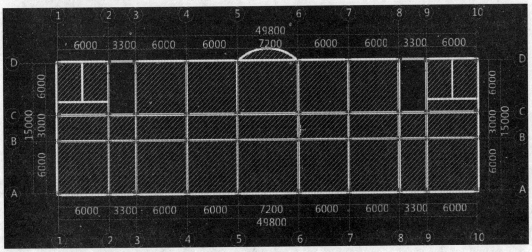

图 2.3.10

2.3.3　板受力筋属性建法

1）底筋 A10@120

（1）单击导航栏"板"下拉菜单里的"板受力筋"；

（2）单击"构件列表"中的"新建"，选择"新建板受力筋"；

（3）在"属性编辑"里输入"底筋 A10@120"信息。如图 2.3.11 所示。

	属性名称	属性值	附加
1	名称	底筋A10@120	
2	钢筋信息	A10@120	☐
3	类别	底筋	☐
4	左弯折(mm)	(0)	☐
5	右弯折(mm)	(0)	☐
6	钢筋锚固	(24)	
7	钢筋搭接	(29)	
8	归类名称	(底筋A10@120)	☐
9	汇总信息	板受力筋	☐
10	计算设置	按默认计算设置	
11	节点设置	按默认节点设置	
12	搭接设置	按默认搭接设置	
13	长度调整(mm)		☐
14	备注		☐

图 2.3.11

2）其他板受力筋

其他板受力筋的属性建立方法与"底筋 A10@120"完全相同。

"底筋 A10@100"如图 2.3.12 所示。

"底筋 A8@100"如图 2.3.13 所示。

	属性名称	属性值	附加
1	名称	底筋A10@100	
2	钢筋信息	A10@100	☐
3	类别	底筋	☐
4	左弯折(mm)	(0)	☐
5	右弯折(mm)	(0)	☐
6	钢筋锚固	(24)	
7	钢筋搭接	(29)	
8	归类名称	(底筋A10@100)	☐
9	汇总信息	板受力筋	☐
10	计算设置	按默认计算设置	
11	节点设置	按默认节点设置	
12	搭接设置	按默认搭接设置	
13	长度调整(mm)		☐
14	备注		

图 2.3.12

	属性名称	属性值	附加
1	名称	底筋A8@100	
2	钢筋信息	A8@100	☐
3	类别	底筋	☐
4	左弯折(mm)	(0)	☐
5	右弯折(mm)	(0)	☐
6	钢筋锚固	(24)	
7	钢筋搭接	(29)	
8	归类名称	(底筋A8@100)	☐
9	汇总信息	板受力筋	☐
10	计算设置	按默认计算设置	
11	节点设置	按默认节点设置	
12	搭接设置	按默认搭接设置	
13	长度调整(mm)		☐
14	备注		☐

图 2.3.13

"底筋 A8@150"如图 2.3.14 所示。

	属性名称	属性值	附加
1	名称	底筋A8@150	
2	钢筋信息	A8@150	☐
3	类别	底筋	☐
4	左弯折(mm)	(0)	☐
5	右弯折(mm)	(0)	☐
6	钢筋锚固	(24)	
7	钢筋搭接	(29)	
8	归类名称	(底筋A8@150)	☐
9	汇总信息	板受力筋	☐
10	计算设置	按默认计算设置	
11	节点设置	按默认节点设置	
12	搭接设置	按默认搭接设置	
13	长度调整(mm)		☐
14	备注		☐

图 2.3.14

2.3.4 板受力筋的画法

关于板受力筋，现讲解两种画法，大家可根据实际情况选择使用。

1）LB1 的画法

（1）单击"板"下拉菜单里"板受力筋"，在"构件列表"里选择"A10@120"；

（2）单击工具条"单板"按钮，单击工具条"水平"按钮，如图 2.3.15 所示；

图 2.3.15

（3）根据图纸所示位置单击 5~6 轴与 A~B 轴相交的板块范围，LB1 水平筋布置好；

（4）在"构件列表"选择"A10@100"，单击工具条"垂直"按钮，单击 5~6 轴与 A~B 轴相交的板块范围，LB1 垂直筋布置好。

LB1 布置好的底筋，如图 2.3.16 所示。

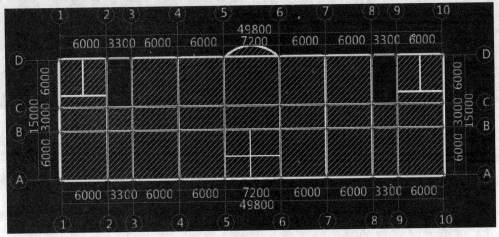

图 2.3.16

2）LB2 的画法

（1）单击工具条"单板"按钮，单击"XY方向"；

（2）根据图纸所示位置单击 4~5 轴与 A~B 轴相交的板块范围，弹出对话框，选择钢筋信息后，如图 2.3.17 所示。

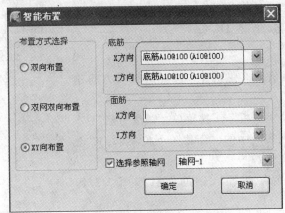

图 2.3.17

（3）点击"确定"，LB2 的钢筋信息布置好；

（4）图纸中其他位置的 LB2 钢筋信息可采用"钢筋复制"功能，快速复制钢筋信息。

①单击工具栏"钢筋复制"功能；

②点击左键选择需要复制的钢筋后，选择完毕后点击右键；

③在图中单击需要布置钢筋的位置。

采用同样的方法布置其他板的钢筋，布置好后如图 2.3.18 所示。

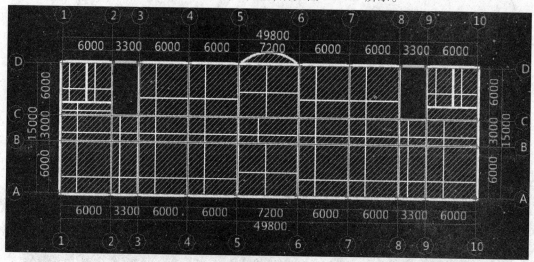

图 2.3.18

提示： 当按照图纸布置受力筋后，可通过点击工具栏"查看布筋"下拉菜单下的"查看受力筋布置情况"进行检查，查看是否有漏画的钢筋信息。

2.3.5 板受力筋汇总工程量

单击工具栏"汇总计算"按钮，进行计算，查看计算结果。

1）查看选定范围的梁的钢筋量

点击工具栏"查看钢筋量"，在绘图区单击点选板受力筋或者拉框选择受力筋，在绘图区下方出现"钢筋量"表格。

2）查看某一底筋的具体计算公式。

点击工具栏"编辑钢筋"后，在绘图区点击需要查看的受力筋。

2.3.6 板负筋属性建立

1）1 号负筋

1 号负筋属于跨板负筋，在软件中按照跨板受力筋建立其属性。

（1）单击模块导航栏"板"下拉菜单"板受力筋"；

（2）单击"构件列表"中的"新建"下拉菜单，单击"新建跨板受力筋"；

（3）在"属性编辑"里输入钢筋信息如图 2.3.19所示。

提示： ①"左标注"为从支座处向左侧延伸出的长度；

	属性名称	属性值	附加
1	名称	1号负筋	
2	钢筋信息	A8@100	☐
3	左标注(mm)	1500	☐
4	右标注(mm)	0	☐
5	马凳筋排数	2/0	☐
6	标注长度位置	支座轴线	☐
7	左弯折(mm)	(0)	☐
8	右弯折(mm)	(0)	☐
9	分布钢筋	A8@200	☐
10	钢筋锚固	(24)	
11	钢筋搭接	(29)	
12	归类名称	(1号负筋)	☐
13	汇总信息	板受力筋	☐
14	计算设置	按默认计算设置	
15	节点设置	按默认节点设置	
16	搭接设置	按默认搭接设置	
17	长度调整(mm)		☐
18	备注		☐

图 2.3.19

②在定义负筋时需要填写伸出支座处马凳筋的排数，表示左侧负筋延伸长度1500mm下有两排马凳筋，马凳筋间距在定义板时已定义。右侧长度为1000mm下有一排马凳筋。

　　2）2号负筋、3号负筋、7号负筋、9号负筋

　　2号负筋、3号负筋、7号负筋、9号负筋的属性建立方法与"1号负筋"完全相同，建好后2号负筋如图2.3.20所示。

　　3号负筋如图2.3.21所示。

属性编辑器		📌 ×
属性名称	属性值	附加
1 名称	2号负筋	
2 钢筋信息	A10@100	☐
3 左标注(mm)	1500	
4 右标注(mm)	1500	
5 马凳筋排数	2/2	
6 标注长度位置	支座轴线	
7 左弯折(mm)	(0)	
8 右弯折(mm)	(0)	
9 分布钢筋	A8@200	☐
10 钢筋锚固	(24)	
11 钢筋搭接	(29)	
12 归类名称	(2号负筋)	☐
13 汇总信息	板受力筋	
14 计算设置	按默认计算设置	
15 节点设置	按默认节点设置	
16 搭接设置	按默认搭接设置	
17 长度调整(mm)		☐
18 备注		☐

图 2.3.20

属性编辑器		📌 ×
属性名称	属性值	附加
1 名称	3号负筋	
2 钢筋信息	A8@100	☐
3 左标注(mm)	1000	
4 右标注(mm)	0	
5 马凳筋排数	1/0	
6 标注长度位置	支座轴线	
7 左弯折(mm)	(0)	
8 右弯折(mm)	(0)	
9 分布钢筋	A8@200	☐
10 钢筋锚固	(24)	
11 钢筋搭接	(29)	
12 归类名称	(3号负筋)	☐
13 汇总信息	板受力筋	
14 计算设置	按默认计算设置	
15 节点设置	按默认节点设置	
16 搭接设置	按默认搭接设置	
17 长度调整(mm)		☐
18 备注		☐

图 2.3.21

　　7号负筋如图2.3.22所示。

　　9号负筋如图2.3.23所示。

属性编辑器		📌 ×
属性名称	属性值	附加
1 名称	7号负筋	
2 钢筋信息	A8@100	☐
3 左标注(mm)	1000	
4 右标注(mm)	0	
5 马凳筋排数	1/0	
6 标注长度位置	支座轴线	
7 左弯折(mm)	(0)	
8 右弯折(mm)	(0)	
9 分布钢筋	A8@200	☐
10 钢筋锚固	(24)	
11 钢筋搭接	(29)	
12 归类名称	(7号负筋)	☐
13 汇总信息	板受力筋	
14 计算设置	按默认计算设置	
15 节点设置	按默认节点设置	
16 搭接设置	按默认搭接设置	
17 长度调整(mm)		☐
18 备注		☐

图 2.3.22

属性编辑器		📌 ×
属性名称	属性值	附加
1 名称	9号负筋	
2 钢筋信息	A12@100	☐
3 左标注(mm)	1650	☐
4 右标注(mm)	0	☐
5 马凳筋排数	2/0	☐
6 标注长度位置	支座轴线	
7 左弯折(mm)	(0)	
8 右弯折(mm)	(0)	
9 分布钢筋	A8@200	☐
10 钢筋锚固	(24)	
11 钢筋搭接	(29)	
12 归类名称	(9号负筋)	☐
13 汇总信息	板受力筋	
14 计算设置	按默认计算设置	
15 节点设置	按默认节点设置	
16 搭接设置	按默认搭接设置	
17 长度调整(mm)		☐
18 备注		☐

图 2.3.23

　　3）4号负筋

　　4号负筋非跨板负筋，在软件中"板负筋"中建立其属性。

　　（1）单击模块导航栏"板"下拉菜单"板负筋"；

　　（2）单击"构件列表"中的"新建"下拉菜单，单击"新建板负筋"；

（3）在"属性编辑"界面输入钢筋信息如图 2.3.24 所示。

	属性名称	属性值	附加
1	名称	4号负筋	
2	钢筋信息	A10@150	☐
3	左标注 (mm)	1500	☐
4	右标注 (mm)	0	☐
5	马凳筋排数	2/0	
6	单边标注位置	支座中心线	☐
7	左弯折 (mm)	(0)	☐
8	右弯折 (mm)	(0)	☐
9	分布钢筋	A8@200	
10	钢筋锚固	(24)	
11	钢筋搭接	(29)	
12	归类名称	(4号负筋)	☐
13	计算设置	按默认计算设置	
14	节点设置	按默认节点设置	
15	搭接设置	按默认搭接设置	
16	汇总信息	板负筋	☐
17	备注		☐

图 2.3.24

提示：按照"平法图集"规定，负筋伸入支座中心，需要把"单边标注位置"改为"支座中心线"。

4）5 号负筋、6 号负筋、8 号负筋

5 号负筋、6 号负筋、8 号负筋的属性建立方法同 4 号负筋，建好后的 5 号负筋如图 2.3.25 所示。

6 号负筋如图 2.3.26 所示。

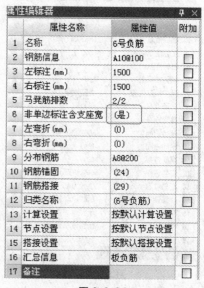

	属性名称	属性值	附加
1	名称	5号负筋	
2	钢筋信息	A8@150	☐
3	左标注 (mm)	1000	☐
4	右标注 (mm)	0	☐
5	马凳筋排数	1/0	
6	单边标注位置	支座中心线	☐
7	左弯折 (mm)	(0)	☐
8	右弯折 (mm)	(0)	☐
9	分布钢筋	A8@200	
10	钢筋锚固	(24)	
11	钢筋搭接	(29)	
12	归类名称	(5号负筋)	☐
13	计算设置	按默认计算设置	
14	节点设置	按默认节点设置	
15	搭接设置	按默认搭接设置	
16	汇总信息	板负筋	☐
17	备注		☐

图 2.3.25

	属性名称	属性值	附加
1	名称	6号负筋	
2	钢筋信息	A10@100	☐
3	左标注 (mm)	1500	☐
4	右标注 (mm)	1500	☐
5	马凳筋排数	2/2	
6	非单边标注含支座宽	(是)	
7	左弯折 (mm)	(0)	☐
8	右弯折 (mm)	(0)	☐
9	分布钢筋	A8@200	
10	钢筋锚固	(24)	
11	钢筋搭接	(29)	
12	归类名称	(6号负筋)	☐
13	计算设置	按默认计算设置	
14	节点设置	按默认节点设置	
15	搭接设置	按默认搭接设置	
16	汇总信息	板负筋	☐
17	备注		☐

图 2.3.26

8 号负筋如图 2.3.27 所示。

	属性名称	属性值	附加
1	名称	8号负筋	
2	钢筋信息	A8@150	☐
3	左标注(mm)	1000	☐
4	右标注(mm)	1000	☐
5	马凳筋排数	1/1	☐
6	非单边标注含支座宽	(是)	☐
7	左弯折(mm)	(0)	☐
8	右弯折(mm)	(0)	☐
9	分布钢筋	A8@200	☐
10	钢筋锚固	(24)	
11	钢筋搭接	(29)	
12	归类名称	(8号负筋)	☐
13	计算设置	按默认计算设置	
14	节点设置	按默认节点设置	
15	搭接设置	按默认搭接设置	
16	汇总信息	板负筋	☐
17	备注		☐

图 2.3.27

2.3.7　板负筋画法

1）按梁布置

（1）画1轴的负筋

①单击模块导航栏中的"板负筋"；

②在"构件列表"中选择"4号负筋"；

③单击工具栏"按梁布置"按钮；

④单击一下1轴A～B段的梁，在板内区域再单击一下；

⑤在"构件列表"中选择"5号负筋"；

⑥单击一下1轴B～C段的梁，在板内区域再单击一下；

⑦单击一下1轴C～D段的梁，在板内区域再单击一下，点击右键结束。

（2）按照此方法分别布置2轴、3轴、4轴、5轴的负筋。

提示：①布置"6号负筋"或"8号负筋"时，只需点击所在区段的梁即可，无需在板内区域点击。②如果布置单标注负筋时，布置的负筋在板外，可点击工具栏"交换左右标注"按钮，然后点击负筋可将方向进行调换。

2）画线布置

（1）画A轴负筋：

①单击模块导航栏中的"板负筋"；

②在"构件列表"中选择"4号负筋"；

③单击工具栏"画线布置"按钮；

④连接A轴线梁的在1轴和10轴位置的端头；

⑤在板内区域再单击一下。

（2）画D轴负筋：

①在"构件列表"中选择"4号负筋"；

②单击工具栏"画线布置"按钮；

③单击D轴线梁与3轴和5轴的交点；

④在板内区域再单击一下；

⑤用同样的方法布置 D 轴的其他负筋;

（3）画 B～C 轴与 1～10 轴的跨板负筋:

①单击模块导航栏中的"板受力筋";

②从"构件列表"中选择"1 号负筋";

③单击工具栏"单板"按钮、"垂直"按钮;

④在绘图区单击 1～2 轴与 B～C 轴相交的 LB3 板块，然后点击左键布置好 1 号负筋。

⑤用同样的方法布置"2 号负筋"和"3 号负筋"、"7 号负筋"。

（4）"9 号负筋"按照布置跨板受力筋如布置"1 号负筋"的方法布置。

2.3.8　板负筋汇总工程量

单击工具栏"汇总计算"按钮，进行计算后，查看计算结果。

（1）点击工具栏"查看钢筋量"，在绘图区单击点选负筋或者拉框选择负筋，在绘图区下方会出现"钢筋量"表格，如图 2.3.28 所示。

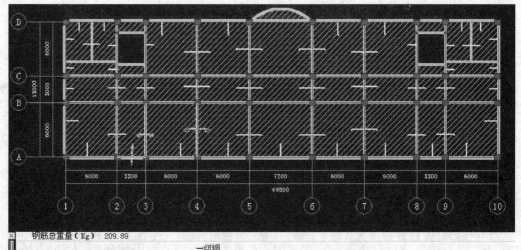

钢筋总重量（Kg）: 209.89

	构件名称	钢筋总重量（Kg）	一级钢		
			8	10	合计
1	6号负筋[8]	136.92	19.06	117.86	136.92
2	8号负筋[5]	46.25	46.25	0	46.25
3	4号负筋[28	26.73	4.42	22.31	26.73
4	合计	209.89	69.72	140.17	209.89

图 2.3.28

（2）查看某一负筋的具体计算公式。

点击工具栏"编辑钢筋"后，在绘图区点击需要查看的负筋，如图 2.3.29 所示。

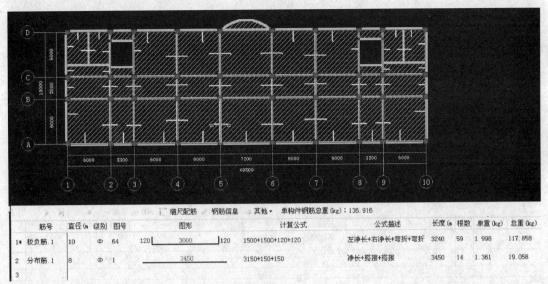

筋号	直径(m)	级别	图号	图形	计算公式	公式描述	长度(m)	根数	单重(kg)	总重(kg)
1* 板负筋.1	10	Φ	84	120 ⎿3000⏌ 120	1500+1500+120+120	左净长+右净长+弯折+弯折	3240	59	1.998	117.858
2 分布筋.1	8	Φ	1	3450	3150+150+150	净长+搭接+搭接	3450	14	1.361	19.058
3										

图 2.3.29

2.4　首层楼梯的属性及画法

楼梯由梯梁、平台、梯段三部分组成，在软件中梯梁、平台采用画图的方法计算钢筋，梯段用单构件输入方法计算钢筋。

2.4.1　梯梁的属性、画法及汇总工程量

1）梯梁的属性定义

梯梁按非框架梁定义，属性定义方法同 L1、L2，定义好后的属性如图 2.4.1 所示。

	属性名称	属性值	附加
1	名称	TL1	
2	类别	非框架梁	☐
3	截面宽度(mm)	250	☐
4	截面高度(mm)	400	☐
5	轴线距梁左边线距	(125)	☐
6	跨数量		☐
7	箍筋	A8@200 (2)	☐
8	肢数	2	
9	上部通长筋	2B20	☐
10	下部通长筋	4B20	☐
11	侧面纵筋		☐
12	拉筋		☐
13	其他箍筋		
14	备注		☐
15	⊞ 其他属性		
23	⊞ 锚固搭接		

图 2.4.1

2）梯梁的画法

（1）选择"TL1"，单击"直线"画法；

（2）分别单击（2，D）交点，单击 2 轴的"Z1"中心，单击 3 轴的"Z1"中心，单击（3，D）交点，点击右键，休息平台处的梯梁画好；

（3）选中休息平台处"TL1"，单击右键出现右键菜单，选择"构件属性缉辑器"，修改

其标高如图2.4.2所示。

图2.4.2

（4）将光标放在（2，C）轴交点，当光标变为"田字形"时，左手按住Shift+左键，右手点击左键，出现"输入偏移值"对话框，输入偏移值后，如图2.4.3所示，点击"确定"按钮。

（5）再单击3轴线后，单击右键结束，楼层平台处的梯梁画好。

3）梯梁的原位标注

点击工具栏"原位标注"，再点击TL1，进行支座识别，弹出对话框，如图2.4.4所示，选择"否"后，单击右键结束。

图2.4.3

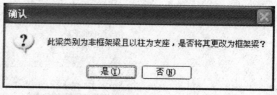

图2.4.4

采用同样的方法绘制8~9轴楼梯间的梯梁，或者采用复制或镜像的方法画好梯梁。

4）汇总计算工程量

汇总计算后查看休息平台的梯梁计算公式，如图2.4.5所示，楼层平台梯梁计算公式及重量，如图2.4.6所示。

筋号	直径(mm)	级别	图号	图形	计算公式	公式描述	长度(mm)
1跨.上通长筋1	20	Φ	64	300 ⌐3490⌐ 300	250-30+15*d+3050+250-30+15*d	支座宽-保护层+弯折+净长+支座宽-保护层+弯折	4090
2 1跨.下部钢筋1	20	Φ	64	300 ⌐3490⌐ 300	250-30+15*d+3050+250-30+15*d	支座宽-保护层+弯折+净长+支座宽-保护层+弯折	4090
3 1跨.箍筋1	8	Φ	195	340 190	2*((250-2*30)+(400-2*30))+2*(11.9*d)+(8*d)		1314

图 2.4.5

筋号	直径(mm)	级别	图号	图形	计算公式	公式描述	长度(mm)	根数
1跨.上通长筋1	20	Φ	64	300 ⌐3540⌐ 300	300-30+15*d+3000+300-30+15*d	支座宽-保护层+弯折+净长+支座宽-保护层+弯折	4140	2
2 1跨.下部钢筋1	20	Φ	64	300 ⌐3540⌐ 300	300-30+15*d+3000+300-30+15*d	支座宽-保护层+弯折+净长+支座宽-保护层+弯折	4140	4
3 1跨.箍筋1	8	Φ	195	340 190	2*((250-2*30)+(400-2*30))+2*(11.9*d)+(8*d)		1314	16

图 2.4.6

2.4.2 平台的属性、画法及汇总工程量

1）平台板的属性定义

平台板的属性定义与楼板定义完全相同，定义好后的属性如图 2.4.7 所示。

	属性名称	属性值	附加
1	名称	楼梯平台板	☐
2	混凝土强度等级	C30	☐
3	厚度(mm)	100	☐
4	顶标高(m)	层顶标高	☐
5	保护层厚度(mm)	(15)	☐
6	马凳筋参数图	II型	☐
7	马凳筋信息	B12@1000	☐
8	线形马凳筋方向	平行横向受力	☐
9	拉筋		☐
10	马凳筋数量计算方式	向上取整+1	☐
11	拉筋数量计算方式	向下取整+1	☐
12	归类名称	(楼梯平台板)	☐
13	汇总信息	现浇板	☐
14	备注		☐

图 2.4.7

2）平台板的画法

（1）画楼层平台板

与画楼板方法相同，选择"平台板"后，点击楼层平台空间，点击右键结束。画好后如图 2.4.8 所示。

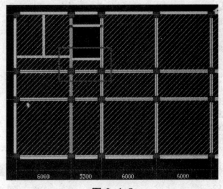

图 2.4.8

（2）画休息平台板

①单击工具栏"矩形"画法。

②按照结施–10所示，将光标放在（2，D）轴交点，当光标变为"田字形"时，左手按住Shift+左键，右手点击左键，出现"输入偏移值"对话框，输入偏移值后，点击"确定"按钮。如图2.4.9所示，再移动光标到3轴两梁相交处，当光标变为"田字形"时，点击左键。

图2.4.9

③选中休息平台处板单击右键出现右键菜单，选择"构件属性绵辑器"，修改其顶标高为1.75。

④关闭"属性编辑器"。

2.4.3　平台板配筋

平台板的受力筋属性建法与楼板的受力筋建法完全相同，建好后属性如图2.4.10~图2.4.15所示。

	属性名称	属性值	附加
1	名称	8号面筋	
2	钢筋信息	A12@100	□
3	类别	面筋	□
4	左弯折(mm)	(0)	□
5	右弯折(mm)	(0)	□
6	钢筋锚固	27	
7	钢筋搭接	(29)	
8	归类名称	(8号面筋)	□
9	汇总信息	板受力筋	□
10	计算设置	按默认计算设	
11	节点设置	按默认节点设	
12	搭接设置	按默认搭接设	
13	长度调整(mm)		□
14	备注		□

图2.4.10

	属性名称	属性值	附加
1	名称	9号面筋	
2	钢筋信息	A8@200	□
3	类别	面筋	
4	左弯折(mm)	(0)	□
5	右弯折(mm)	(0)	□
6	钢筋锚固	27	
7	钢筋搭接	(29)	
8	归类名称	(9号面筋)	□
9	汇总信息	板受力筋	□
10	计算设置	按默认计算设	
11	节点设置	按默认节点设	
12	搭接设置	按默认搭接设	
13	长度调整(mm)		□
14	备注		□

图2.4.11

	属性名称	属性值	附加
1	名称	10号底筋	
2	钢筋信息	A8@100	□
3	类别	底筋	
4	左弯折(mm)	(0)	□
5	右弯折(mm)	(0)	□
6	钢筋锚固	27	
7	钢筋搭接	(29)	
8	归类名称	(10号底筋)	□
9	汇总信息	板受力筋	□
10	计算设置	按默认计算设	
11	节点设置	按默认节点设	
12	搭接设置	按默认搭接设	
13	长度调整(mm)		□
14	备注		□

图2.4.12

	属性名称	属性值	附加
1	名称	11号底筋	
2	钢筋信息	A8@150	□
3	类别	底筋	
4	左弯折(mm)	(0)	□
5	右弯折(mm)	(0)	□
6	钢筋锚固	27	
7	钢筋搭接	(29)	
8	归类名称	(11号底筋)	□
9	汇总信息	板受力筋	□
10	计算设置	按默认计算设	
11	节点设置	按默认节点设	
12	搭接设置	按默认搭接设	
13	长度调整(mm)		□
14	备注		□

图2.4.13

图 2.4.14

图 2.4.15

平台配筋与楼板配筋完全相同，可采用"X、Y方向布置受力筋"快速布置受力筋。

2.4.4 汇总计算工程量

汇总计算后查看 8 号面筋的计算结果，如图 2.4.16 所示。

	筋号	直径(mm)	级别	图号	图形	计算公式	公式描述	长度(mm)	根数
1*	8号面筋[69].1	12	Φ	72	70⌐1355⌐104	1150+27*d-15+100-2*15+6.25*d	净长+设定锚固-保护层+设定弯折+弯钩	1604	33

图 2.4.16

9 号分布筋的计算结果，如图 2.4.17 所示。

	筋号	直径(mm)	级别	图号	图形	计算公式	公式描述	长度(mm)	根数
1*	9号分布筋[88].1	8	Φ	3	3270	3300-15-15+12.5*d	净长-保护层-保护层+两倍弯钩	3370	7

图 2.4.17

第 3 单元   二层构件的属性、画法

将楼层切换到第二层，单击"楼层"下拉菜单，单击"从其他楼层复制构件图元"，弹出对话框，如图 3.1 所示，点击"确定"，出现"复制完成"对话框。

图 3.1

第4单元　三层构件的属性、画法及汇总工程量

4.1　分析图纸与楼层复制

4.1.1　分析图纸

查看图纸结施 –02，三层的"柱"与其他层除了"Z1"外其他完全相同，无需修改。

图纸结施 –05 屋面框架梁与结施 –03 对比，所在位置的梁属性不同，且没有 L1、L2、TL1 这几道梁。

图纸结施 –09 屋面板与结施 –06 对比，在楼梯间没有楼梯平台，其他板的属性相同。

4.1.2　楼层复制

将楼层切换到第三层，单击"楼层"下拉菜单，单击"从其他楼层复制构件图元"，弹出对话框，将"柱"下拉菜单下的"Z1"前的对勾去掉，将"梁"前的对勾去掉，将"板"下拉菜单下的"楼梯平台板"前的对勾去掉，"板受力筋"和"板负筋"下的"1 – 9 号负筋"前的对勾去掉。如图 4.1.1 所示。然后点击"确定"按钮。

图 4.1.1

4.2　屋面框架梁的属性、画法及汇总工程量

4.2.1　屋面框架梁的属性建法

屋面框架梁属性定义方法同其他层框架梁，定义好后的属性，如图 4.2.1 ～ 图 4.2.3 所示。

	属性名称	属性值	附加
1	名称	WKL-1	
2	类别	屋面框架梁	☐
3	截面宽度(mm)	300	☐
4	截面高度(mm)	600	☐
5	轴线距梁左边线距	(150)	☐
6	跨数量		☐
7	箍筋	A10@100/200 (	☐
8	肢数	2	
9	上部通长筋	2B25	☐
10	下部通长筋		☐
11	侧面纵筋		☐
12	拉筋		☐
13	其他箍筋		☐
14	备注		☐
15	⊞ 其他属性		
23	⊞ 锚固搭接		

图 4.2.1

	属性名称	属性值	附加
1	名称	WKL-2	
2	类别	屋面框架梁	☐
3	截面宽度(mm)	300	☐
4	截面高度(mm)	600	☐
5	轴线距梁左边线距	(150)	☐
6	跨数量		☐
7	箍筋	A10@100/200 (	☐
8	肢数	2	
9	上部通长筋	2B25	
10	下部通长筋		
11	侧面纵筋	N4B16	
12	拉筋	(A6)	
13	其他箍筋		
14	备注		☐
15	⊞ 其他属性		
23	⊞ 锚固搭接		

图 4.2.2

	属性名称	属性值	附加
1	名称	L-3	
2	类别	非框架梁	☐
3	截面宽度(mm)	250	☐
4	截面高度(mm)	600	☐
5	轴线距梁左边线距	(125)	☐
6	跨数量		☐
7	箍筋	A10@100/2	☐
8	肢数	2	
9	上部通长筋	4B25	☐
10	下部通长筋	4B25	☐
11	侧面纵筋		☐
12	拉筋		☐
13	其它箍筋		
14	备注		☐
15	⊞ 其它属性		
23	⊞ 锚固搭接		

图 4.2.3

4.2.2 屋面框架梁的画法

1) 梁画法

(1) 打开"构件列表",选择"WKL";

(2) 把光标移到 (10, A) 轴交点,当光标为"田字形"点击左键,移动光标到 (1, A) 轴交点,当光标为"田字形"时,点击左键,然后点击右键;

(3) 点击右键,在选择状态下单击"WKL",点击右键在弹出的菜单中,单击"复制";

(4) 将光标放在 (1, A) 轴交点,当光标为"田字形"时,点击左键,移动光标到 (1, B) 交点,当光标为"田字形"时,点击左键,移动光标到 (1, C) 轴交点,点击左键,移动光标到 (1, D) 轴交点,点击左键。

提示:"复制"命令可连续操作。

屋面层的横梁绘制完毕,纵梁的画法与横梁完全相同。

2）梁对齐

A、D、1、10 轴梁属于偏心梁，需要将梁边与柱边平齐，现以 A 轴"WKL"为例进行设置，其他轴线的梁设置方法与 A 轴梁相同。

（1）在"选择"状态下，单击 A 轴的"WKL"，选中后单击右键在弹出的菜单中，单击"单图元对齐"。

（2）单击 1 轴线上任意一根柱子的左边线，单击梁左边线的任意一点，鼠标右键确认即可。

3）梁延伸

由于 1 轴线、A 轴线、D 轴线、10 轴线的梁是偏移的梁，所以它们不相交，我们用延伸的画法使它们相交，操作步骤如下：

（1）在英文状态下按"Z"键取消柱子显示状态，单击"选择"按钮，单击"延伸"；

（2）单击 A 轴的梁作为目的线，分别单击与 A 轴垂直的所有梁，单击右键结束。分别把 D 轴、1 轴、10 轴作为目的线，分别单击与其垂直的梁，单击右键结束。

4.2.3 屋面框架梁原位标注

WKL1 原位标注：

（1）点击工具栏"原位标注"下拉菜单"梁平法表格"，再点击"WKL1"，填写原位标注如图 4.2.4 所示；

复制跨数据　粘贴跨数据　输入当前列数据　删除当前列数据　页面设置　调换起始跨　悬臂钢筋代号

| | 跨号 | 标高(m) | | 构件尺寸(mm) | | | | | | | 上通长筋 | 上部钢筋 | | | 下部钢筋 | |
		起点标高	终点标高	A1	A2	A3	A4	跨长	截面(B*H)	距左边线		左支座钢筋	跨中钢筋	右支座钢	下通长筋	下部钢筋
1	1	10.75	10.75	(150)	(550)	(350)		(6200)	300*600	(150)	2B25	6B25 4/2				6B25 2/4
2	2	10.75	10.75		(350)	(350)		(3300)	300*600	(150)		6B25 4/2				4B25
3	3	10.75	10.75		(350)	(350)		(6000)	300*600	(150)		6B25 4/2		6B25 4/2		6B25 2/4
4	4	10.75	10.75		(350)	(350)		(6000)	300*600	(150)		6B25 4/2		6B25 4/2		6B25 2/4
5	5	10.75	10.75		(350)	(350)		(7200)	300*700	(150)		6B25 4/2		6B25 4/2		6B25 2/4
6	6	10.75	10.75		(350)	(350)		(6000)	300*600	(150)		6B25 4/2		6B25 4/2		6B25 2/4
7	7	10.75	10.75		(350)	(350)		(6000)	300*600	(150)		6B25 4/2		6B25 4/2		6B25 2/4
8	8	10.75	10.75		(350)	(350)		(3300)	300*600	(150)		6B25 4/2		6B25 4/2		4B25
9	9	10.75	10.75		(350)	(550)	(150)	(6200)	300*600	(150)		6B25 4/2				6B25 2/4

图 4.2.4

（2）点击工具栏"应用同名梁"，点击 A 轴 KL1，弹出对话框，选择"所有同名称梁"，点击"确定"。

WKL2 原位标注与 WKL1 原位标注操作步骤完全相同。WKL2 原位标注的信息如图 4.2.5 所示。

复制跨数据　粘贴跨数据　输入当前列数据　删除当前列数据　页面设置　调换起始跨　悬臂钢筋代号

| | 跨号 | 标高(m) | | 构件尺寸(mm) | | | | | | | 上通长筋 | 上部钢筋 | | | 下部钢筋 | | |
		起点标高	终点标高	A1	A2	A3	A4	跨长	截面(B*H)	距左边线		左支座钢筋	跨中钢筋	右支座钢	下通长筋	下部钢筋	侧面通长筋
1	1	10.75	10.75	(150)	(450)	(300)		(6150)	300*600	(150)	2B25	6B25 2/4				6B25 2/4	N4B18
2	2	10.75	10.75		(300)	(300)		(3000)	300*600	(150)		6B25 2/4				4B25	
3	3	10.75	10.75		(300)	(450)	(150)	(6150)	300*600	(150)		6B25 2/4		6B25 4/2		6B25 2/4	

图 4.2.5

4.3 顶层柱

单击导航栏"柱"下"框架柱"，然后单击工具栏"自动识别边角柱"，弹出提示框如

图 4.3.1 所示，点击"确定"按钮。

图 4.3.1

4.4 屋面板属性、画法及汇总工程量

4.4.1 屋面板的属性定义

经过结施 - 09 与结施 - 06 对比，三层屋面板的属性与首层、二层板的属性完全相同，所以从二层复制的三层板的属性不需要修改。

4.4.2 屋面板的画法

（1）经过结施 - 09 与结施 - 06 对比，屋面板 1 ~ 3 轴与 C ~ D 轴相交部分及 8 ~ 10 轴与 C ~ D 轴相交部分与二层板不同，点击"选择"按钮后，点击此区域的板后，再点击右键，在弹出菜单选择"删除"，选择确认。

（2）从"构件列表"中选择"LB2"，点击"点"画法，点击 1 ~ 2 轴与 C ~ D 轴相交处及 9 ~ 10 轴与 C ~ D 轴相交处，画好 LB2，同样的画法画好 LB4。

4.4.3 屋面板受力筋属性定义

经过结施 - 09 与结施 - 06 对比，屋面板 WB1 ~ WB4 的受力筋与二层 LB1 ~ LB4 的配筋完全相同。

4.4.4 屋面板受力筋画法

由于前面 1 ~ 3 轴与 C ~ D 轴相交处及 8 ~ 10 轴与 C ~ D 轴相交处的板重新画，所以此处的受力筋需要重新布置。

（1）点击"板受力筋"，点击工具栏"单板"按钮及"XY 方向"按钮。

（2）点击 1 ~ 2 轴与 C ~ D 轴相交区域，弹出对话框，选择 X 向及 Y 向钢筋，如图 4.4.1 所示，点击"确定"。

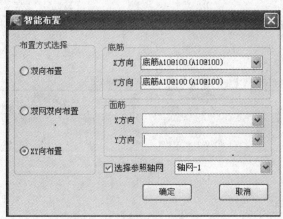

图 4.4.1

（3）用同样的方法布置其他位置的钢筋。

（4）点击工具栏"查看布筋"下"查看受力筋布置情况"，检查是否有漏画的钢筋。

4.4.5 屋面板负筋的属性

经过结施－09与结施－06对比，三层的负筋与二层的负筋有很大区别，我们要新建三层的负筋，具体操作如下：

（1）单击"板"下拉菜单"板受力筋"，单击"构件列表"中"新建"；

（2）新建"1号负筋"按照图纸结施－09修改属性信息如图4.4.2所示；

（3）新建"2号负筋"按照图纸结施－09修改属性信息如图4.4.3所示；

	属性名称	属性值	附加
1	名称	1号负筋	
2	钢筋信息	A10@100	☐
3	左标注(mm)	1800	☐
4	右标注(mm)	1800	☐
5	马凳筋排数	2/2	☐
6	标注长度位置	支座轴线	☐
7	左弯折(mm)	(0)	☐
8	右弯折(mm)	(0)	☐
9	分布钢筋	A8@200	☐
10	钢筋锚固	(24)	
11	钢筋搭接	(29)	
12	归类名称	(1号负筋)	☐
13	汇总信息	板受力筋	☐
14	计算设置	按默认计算设	
15	节点设置	按默认节点设	
16	搭接设置	按默认搭接设	
17	长度调整(mm)		☐
18	备注		☐

图4.4.2

	属性名称	属性值	附加
1	名称	2号负筋	
2	钢筋信息	A8@100	☐
3	左标注(mm)	1000	☐
4	右标注(mm)	1000	☐
5	马凳筋排数	1/1	☐
6	标注长度位置	支座轴线	☐
7	左弯折(mm)	(0)	☐
8	右弯折(mm)	(0)	☐
9	分布钢筋	A8@200	☐
10	钢筋锚固	(24)	
11	钢筋搭接	(29)	
12	归类名称	(2号负筋)	☐
13	汇总信息	板受力筋	☐
14	计算设置	按默认计算设	
15	节点设置	按默认节点设	
16	搭接设置	按默认搭接设	
17	长度调整(mm)		☐
18	备注		☐

图4.4.3

（4）新建"8号负筋"按照图纸结施－09修改属性信息如图4.4.4所示；

（5）在图纸结施－09"3号负筋"非跨板受力筋，点击"板负筋"，单击"构件列表"中的"新建"下"新建板负筋"，建立"3号负筋"属性，如图4.4.5所示；

	属性名称	属性值	附加
1	名称	8号负筋	
2	钢筋信息	A12@100	☐
3	左标注(mm)	1650	☐
4	右标注(mm)	0	☐
5	马凳筋排数	2/0	☐
6	标注长度位置	支座轴线	☐
7	左弯折(mm)	(0)	☐
8	右弯折(mm)	(0)	☐
9	分布钢筋	A8@200	☐
10	钢筋锚固	(24)	
11	钢筋搭接	(29)	
12	归类名称	(8号负筋)	☐
13	汇总信息	板受力筋	☐
14	计算设置	按默认计算设	
15	节点设置	按默认节点设	
16	搭接设置	按默认搭接设	
17	长度调整(mm)		☐
18	备注		☐

图4.4.4

	属性名称	属性值	附加
1	名称	3号负筋	
2	钢筋信息	A10@150	☐
3	左标注(mm)	1800	☐
4	右标注(mm)	0	☐
5	马凳筋排数	2/0	☐
6	单边标注位置	支座中心线	☐
7	左弯折(mm)	(0)	☐
8	右弯折(mm)	(0)	☐
9	分布钢筋	A8@200	☐
10	钢筋锚固	(24)	
11	钢筋搭接	(29)	
12	归类名称	(3号负筋)	☐
13	计算设置	按默认计算设	
14	节点设置	按默认节点设	
15	搭接设置	按默认搭接设	
16	汇总信息	板负筋	☐
17	备注		☐

图4.4.5

（6）单击"4 号负筋"按照图纸结施－09 修改属性信息如图 4.4.6 所示，"5 号负筋"修改后属性信息如图 4.4.7 所示，"6 号负筋"如图 4.4.8 所示，"7 号负筋"如图 4.4.9 所示。

	属性名称	属性值	附加
1	名称	4号负筋	
2	钢筋信息	A8@150	☐
3	左标注 (mm)	1000	☐
4	右标注 (mm)	0	☐
5	马凳筋排数	1/0	☐
6	单边标注位置	支座中心线	☐
7	左弯折 (mm)	(0)	☐
8	右弯折 (mm)	(0)	☐
9	分布钢筋	A8@200	☐
10	钢筋锚固	(24)	
11	钢筋搭接	(29)	
12	归类名称	(4号负筋)	☐
13	计算设置	按默认计算设	
14	节点设置	按默认节点设	
15	搭接设置	按默认搭接设	
16	汇总信息	板负筋	
17	备注		☐

图 4.4.6

	属性名称	属性值	附加
1	名称	5号负筋	
2	钢筋信息	A10@120	☐
3	左标注 (mm)	1800	☐
4	右标注 (mm)	1800	☐
5	马凳筋排数	2/2	☐
6	非单边标注含支座宽	(是)	☐
7	左弯折 (mm)	(0)	☐
8	右弯折 (mm)	(0)	☐
9	分布钢筋	A8@200	☐
10	钢筋锚固	(24)	
11	钢筋搭接	(29)	
12	归类名称	(5号负筋)	☐
13	计算设置	按默认计算设	
14	节点设置	按默认节点设	
15	搭接设置	按默认搭接设	
16	汇总信息	板负筋	
17	备注		☐

图 4.4.7

	属性名称	属性值	附加
1	名称	6号负筋	
2	钢筋信息	A10@120	☐
3	左标注 (mm)	1000	☐
4	右标注 (mm)	1800	☐
5	马凳筋排数	1/2	☐
6	非单边标注含支座宽	(是)	☐
7	左弯折 (mm)	(0)	☐
8	右弯折 (mm)	(0)	☐
9	分布钢筋	A8@200	☐
10	钢筋锚固	(24)	
11	钢筋搭接	(29)	
12	归类名称	(6号负筋)	☐
13	计算设置	按默认计算设	
14	节点设置	按默认节点设	
15	搭接设置	按默认搭接设	
16	汇总信息	板负筋	
17	备注		☐

图 4.4.8

	属性名称	属性值	附加
1	名称	7号负筋	
2	钢筋信息	A8@150	☐
3	左标注 (mm)	1000	☐
4	右标注 (mm)	1000	☐
5	马凳筋排数	1/1	☐
6	非单边标注含支座宽	(是)	☐
7	左弯折 (mm)	(0)	☐
8	右弯折 (mm)	(0)	☐
9	分布钢筋	A8@200	☐
10	钢筋锚固	(24)	
11	钢筋搭接	(29)	
12	归类名称	(7号负筋)	☐
13	计算设置	按默认计算设	
14	节点设置	按默认节点设	
15	搭接设置	按默认搭接设	
16	汇总信息	板负筋	
17	备注		☐

图 4.4.9

4.4.6　画三层负筋

1）画 1 轴负筋

（1）单击模块导航栏中的"板负筋"；

（2）在"构件列表"中选择"3 号负筋"；

（3）单击工具栏"按梁布置"按钮；

（4）单击一下 1 轴 A～B 段的梁，在板内区域再单击一下；

（5）单击一下 1 轴 B～C 段的梁，在板内区域再单击一下；

（6）单击一下 1 轴 C～D 段的梁，在板内区域再单击一下，点击右键结束。

2）其他轴负筋

（1）按照此方法分别布置 2～10 轴的负筋。

提示：①布置"5 号负筋"或"7 号负筋"时，只需点击所在区段的梁即可，无需在板内区域点击。②如果布置"6 号负筋"时方向布置有误，可使用"交换左右标注"进行调整。

（2）A～D 轴的负筋画法同以上画法。

3）跨板受力负筋

（1）点击导航栏"板"下"板受力筋"，选择"1 号负筋"；

（2）单击"单板"和"垂直"；

（3）点击 1～2 轴与 B～C 轴的板；

（4）其他位置的"1 号负筋"布置方法相同；

（5）"2 号负筋"和"8 号负筋"布置方法相同。

第5单元　基础层构件的属性、画法及汇总工程量

5.1　基础层柱

复制首层柱到基础层。

将楼层切换到基础层，单击"楼层"下拉菜单，单击"从其他楼层复制构件图元"，弹出对话框，将"梁"前的对勾去掉，将"现浇板"前的对勾去掉，将"板受力筋"前的对勾去掉，如图5.1.1所示。

图 5.1.1

单击"确定"按钮，弹出"复制完成"对话框点击"确定"。

5.2　筏形基础属性及其画法

5.2.1　筏形基础属性建立

单击"基础"下"筏形基础"，单击"构件列表"界面的"新建"，单击"新建筏形基础"，建好后属性如图5.2.1所示，单击"选择构件"退出。

提示：输入马凳筋的信息如图5.2.2所示。

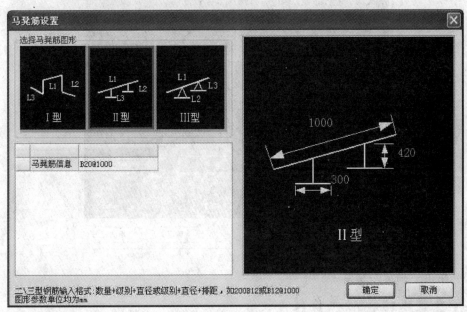

图 5.2.1

图 5.2.2

5.2.2 画筏形基础

（1）从工具栏中选择"筏板基础"，单击"直线"画法；

（2）依次单击（1，A）交点，（1，D）交点，（5，D）交点（注意不要单击鼠标右键）；

（3）选择"三点画弧"下拉菜单中的"顺小弧"，输入半径"5070"，单击（6，D）交点；

（4）选择"直线"画法，依次单击（10，D）交点，（10，A）交点，（1，A）交点，单击右键结束；

（5）点击工具栏"选择"按钮，选中画好的筏板基础，点击右键，在弹出的菜单中选择"偏移"出现"请选择偏移方式"对话框，单击整体偏移后点击"确定"；

（6）把鼠标拖到基础外侧，输入"800"，单击回车键确认。

5.2.3 筏板边坡的设置

（1）点击工具栏"选择"按钮，选中画好的筏板基础，点击右键，在弹出的菜单中选择"设置所有边坡"出现"设置筏板边坡"对话框；

（2）选择"边坡节点3"，输入图纸数据，如图5.2.3所示；

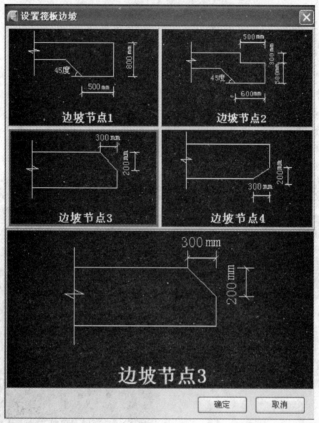

图5.2.3

（3）单击"确定"结束。

5.2.4 筏板主筋属性建立

单击"基础"下"筏板主筋"，单击"构件列表"界面的"新建"，单击"新建筏板主筋"，建好后属性如图5.2.4、图5.2.5所示。

	属性名称	属性值	附加
1	名称	B20@200面筋	
2	类别	面筋	☐
3	钢筋信息	B20@200	☐
4	左弯折(mm)	(240)	☐
5	右弯折(mm)	(240)	☐
6	钢筋锚固	(34)	
7	钢筋搭接	(41)	
8	归类名称	(B20@200面筋	☐
9	汇总信息	筏板主筋	☐
10	计算设置	按默认计算设	
11	节点设置	按默认节点设	
12	搭接设置	按默认搭接设	
13	长度调整(mm)		☐
14	备注		☐

图5.2.4

	属性名称	属性值	附加
1	名称	B20@200底筋	
2	类别	底筋	☐
3	钢筋信息	B20@200	☐
4	左弯折(mm)	(240)	☐
5	右弯折(mm)	(240)	☐
6	钢筋锚固	(34)	
7	钢筋搭接	(41)	
8	归类名称	(B20@200底筋	☐
9	汇总信息	筏板主筋	☐
10	计算设置	按默认计算设	
11	节点设置	按默认节点设	
12	搭接设置	按默认搭接设	
13	长度调整(mm)		☐
14	备注		☐

图5.2.5

5.2.5 画筏板主筋

（1）单击工具栏"单板"画法及"其他方式"下"按 X、Y 方向布置受力筋"；

（2）单击筏板基础弹出对话框，在对话框中选择主筋信息，如图 5.2.6 所示，点击"确定"按钮。

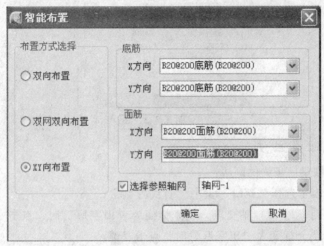

图 5.2.6

5.3 基础梁属性建立、画法及汇总工程量

5.3.1 基础梁属性建法

单击"基础"下"基础梁"，单击"构件列表"界面的"新建"，"新建矩形梁"，建好后属性，如图 5.3.1~图 5.3.3 所示。

	属性名称	属性值	附加
1	名称	JZL-1	☐
2	类别	基础主梁	☐
3	截面宽度（mm）	500	☐
4	截面高度（mm）	800	☐
5	轴线距梁左边线距	(250)	☐
6	跨数量	9	☐
7	箍筋	B12@150	☐
8	肢数	4	☐
9	下部通长筋	6B25	☐
10	上部通长筋	6B25	☐
11	侧面纵筋	G4B16	☐
12	拉筋	(A8)	☐
13	其他箍筋		
14	备注		☐
15	⊞ 其他属性		
24	⊞ 锚固搭接		

图 5.3.1

	属性名称	属性值	附加
1	名称	JZL-2	☐
2	类别	基础主梁	☐
3	截面宽度（mm）	500	☐
4	截面高度（mm）	800	☐
5	轴线距梁左边线距	(250)	☐
6	跨数量	3	☐
7	箍筋	B12@150	☐
8	肢数	4	☐
9	下部通长筋	6B25	☐
10	上部通长筋	6B25	☐
11	侧面纵筋	G4B16	☐
12	拉筋	(A8)	☐
13	其他箍筋		
14	备注		☐
15	⊞ 其他属性		
24	⊞ 锚固搭接		

图 5.3.2

	属性名称	属性值	附加
1	名称	JZL-3	
2	类别	基础主梁	☐
3	截面宽度(mm)	500	☐
4	截面高度(mm)	800	☐
5	轴线距梁左边线距	(250)	☐
6	跨数量	1	☐
7	箍筋	B12@150	☐
8	肢数	4	
9	下部通长筋	6B25	☐
10	上部通长筋	6B25	☐
11	侧面纵筋	G4B16	☐
12	拉筋	(A8)	☐
13	其他箍筋		
14	备注		☐
15	⊞ 其他属性		
24	⊞ 锚固搭接		

图 5.3.3

5.3.2 基础梁画法

画梁时采用先横梁后竖梁的画法：

（1）在构件列表里选择"JZL1"点击"直线"画法；

（2）移动光标到（1，D）轴交点，当光标变为"田字形"时，点击左键，移动光标到（10，D）轴交点，当光标变为"田字形"时，点击左键；

（3）采用同样的方法绘制 A、B、C 轴上的"JZL1"，及 1–10 轴的"JZL2"；

（4）在构建列表里选择"JZL3"点击"三点画弧"，选择"顺小弧"；

（5）单击（5，D），再单击（6，D），单击右键结束。

5.3.3 基础梁原位标注

点击工具栏"原位标注"，然后点击 A 轴上"JZL1"后，点击右键，JZL1 进行了识别支座，然后点击工具栏"应用同名称梁"，再点击 A 轴上"JZL1"，出现对话框，选择"应用到所有同名称梁"，JZL1 全部进行了原位标注。

"JZL2"，"JZL3"原位标注也是同样的方法。

第 6 单元　屋面层构件的属性、画法及汇总工程量

屋面层的构件为女儿墙、压顶、构造柱、砌体加筋，将楼层切换到屋面层。

6.1　建立女儿墙的属性及画法

（1）单击"墙"下"砌体墙"，单击"构件列表"中的"新建"下"新砌体墙"，建好后属性如图 6.1.1 所示，单击"选择构件"退出。

	属性名称	属性值	附加
1	名称	女儿墙	
2	厚度(mm)	250	□
3	轴线距左墙皮距离	(125)	□
4	砌体通长筋		□
5	横向短筋		□
6	备注		□
7	⊞ 其他属性		

图 6.1.1

（2）点击菜单栏"楼层"下"从其他层复制构件图元"，将"梁"和"板"前的对勾去掉，只留下"柱"，点击"确定"，将三层"柱"复制到当前层。

（3）点击工具栏"直线"画法，移动光标到（1，D）轴交点，点击左键，单击（5，D）轴交点，移动光标到工具条点击"顺小弧"画法同时输入半径 5070，单击（6，D）轴交点，再选择"直线"画法，单击（10，D）轴交点，单击（10，A）轴交点，单击（1，A）轴交点，单击（1，D）轴交点，点击右键结束。

（4）点击单击"选择"按钮，单击"对齐"下拉框中的"单图元对齐"，单击 1 轴线上任意一根柱子的左边线，单击墙左边线的任意一点，鼠标右键确认即可；用同样的操作将 D 轴、A 轴、10 轴的墙体与柱平齐，平齐后，点击导航栏"柱"下"框架柱"，然后点击"选择"，在选择状态下将柱全部选中，然后点击右键删除。

（5）单击"选择"按钮，单击"延伸"，单击 A 轴线的墙作为目的线，分别单击与 A 轴垂直的所有墙，单击右键结束。单击 1 轴的墙作为目的线，分别单击与 1 轴所有垂直的墙，单击右键结束，单击 D 轴的墙作为目的线，分别单击与 D 轴所有垂直的墙，单击右键结束，单击 10 轴的墙作为目的线，分别单击与 10 轴所有垂直的墙，单击右键结束。

6.2　建立压顶属性及画法

6.2.1　建立压顶属性

软件中没有压顶构件，我们利用圈梁来代替，单击"梁"下拉菜单下"圈梁"，单击"构件列表"中的"新建"下"新建矩形圈梁"，建好的属性见如图 6.2.1 所示。

图 6.2.1

备注:"其他箍筋"输入信息时,先点击"新建"然后从"箍筋类型"中选择"485"之后输入钢筋信息如图 6.2.2 所示。

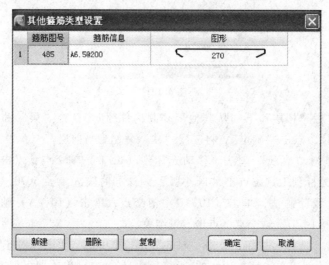

图 6.2.2

6.2.2　画压顶

单击"梁"下"圈梁",选择"压顶",单击工具栏"智能布置"下拉菜单下"砌体墙中心线",点击快捷键"F3"弹出"批量构件图元"对话框,在"女儿墙"框内打上对勾,点击"确定",点击右键。

6.3　建立构造柱属性及画法

6.3.1　建立构造柱属性

单击"柱"下拉菜单下"构造柱",单击"定义构件"后单击"新建"下"新建矩形柱",建好的属性如图 6.3.1 所示。

	属性名称	属性值	附加
1	名称	GZ1	
2	类别	构造柱	☐
3	截面宽(B边)(mm)	250	☐
4	截面高(H边)(mm)	250	☐
5	全部纵筋	4A12	☐
6	角筋		☐
7	B边一侧中部筋		☐
8	H边一侧中部筋		☐
9	箍筋	A6@200	☐
10	肢数	2*2	
11	其他箍筋		
12	备注		☐
13	⊞ 其他属性		
25	⊞ 轴固搭接		

图 6.3.1

6.3.2　画构造柱

（1）画构造柱之前先画辅助轴线，首先单击工具栏的"平行"按钮，单击"1轴线"，输入"3000"，单击"确定"，按照建施－06画辅助轴线，如图6.3.2所示。

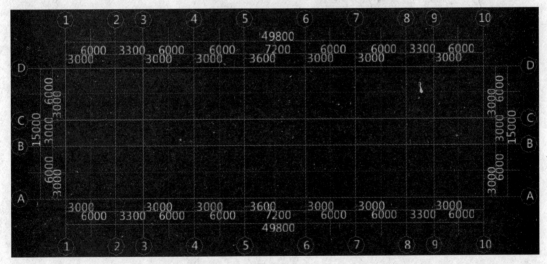

图 6.3.2

（2）单击"柱"下"构造柱"，选择GZ1，单击"智能布置"下拉菜单，单击"轴线"，拉框选择所有的轴线，这是所有的轴线交点都布置上了构造柱，单击"选择"按钮，拉框选择多余的构造柱，单击右键出现的菜单，选择"删除"，单击"是"，所有多余的柱子就删除了。

（3）单击"选择"按钮，拉框选择D轴线的所有柱，单击右键出现右键菜单，单击"批量对齐"，单击D轴的墙的外侧边线，弧形墙上的构造柱需要重新画，其他墙上的构造柱设置方法相同。

6.4 建立砌体加筋属性及画法

6.4.1 建立砌体加筋属性

单击"墙"下拉菜单下"砌体加筋",单击"构件列表"中的"新建",单击"新建砌体加筋",建属性时有L形和一字形两种,建好后的属性L形如图6.4.1、图6.4.2所示,一字形如图6.4.3、图6.4.4所示。

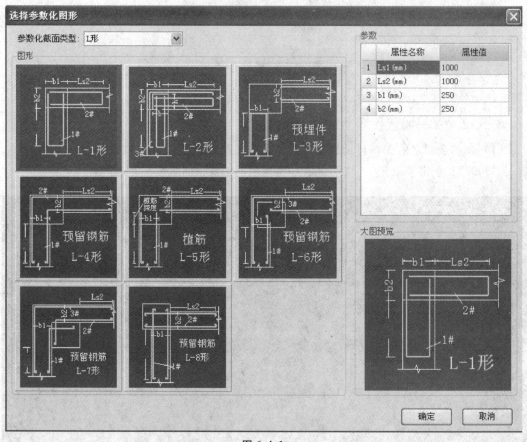

图 6.4.1

图 6.4.2

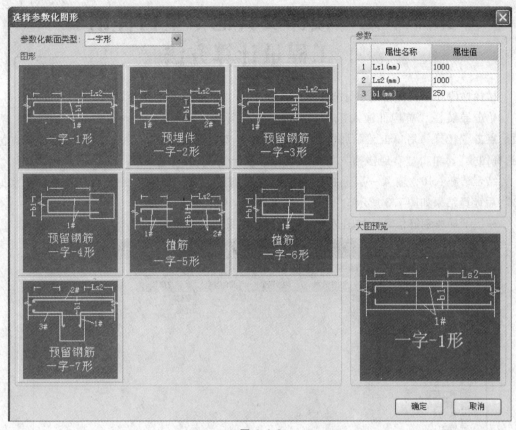

图 6.4.3

图 6.4.4

6.4.2　画砌体加筋

（1）单击"墙"下"砌体加筋"选择"L 形"砌体加筋，单击"点"，单击（1，D）墙交点，单击"旋转点"，单击（10，D）处墙交点，再单击 10 轴上任意一个构造柱的中心点，单击（10，A）墙交点，再单击 A 轴上任意一个构造柱的中心点，单击（1，A）墙交点，再单击 1 轴上任意一个构造柱的中心点，单击右键结束。

（2）单击"墙"下"砌体加筋"选择"一字形"砌体加筋，单击"智能布置"下"柱"，在绘图区拉框选中 A 轴、D 轴的构造柱，点击右键。

（3）单击"旋转点"画法，点击靠近（1，C）轴交点构造柱中心，然后拖动光标到靠近（1，B）轴构造柱交点，点击左键，点击画好的靠近（1，C）轴交点"一字形"砌体加筋，点击右键选择"复制"，点击其中心点，然后分别点击 1 轴和 10 轴没有布砌体加筋的构造柱中点。全部点击后，点击右键。

第7单元 楼梯及其他零星构件钢筋
工程量计算方法

楼梯梯段在单构件输入中计算。

单击导航栏"单构件输入"后,点击"构件管理",弹出"单构件输入构件管理"界面,点击"楼梯"后单击"添加构件",输入如图 7.1 所示信息。点击"参数输入",点击"选择图集",单击"普通楼梯"下的"无休息平台",单击"选择"。

结合结施 –10,输入一层上梯段及二层梯段钢筋信息,如图 7.2 所示,单击"计算退出"后计算结果如图 7.3 所示。

一层下梯段钢筋信息,如图 7.4 所示,计算结果如图 7.5 所示。

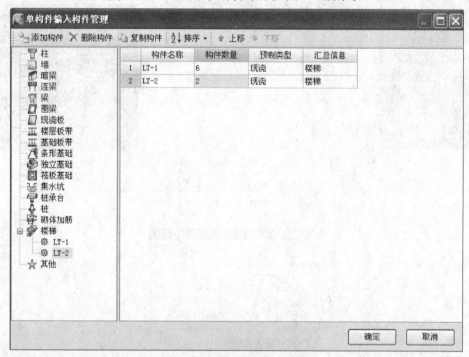

图 7.1

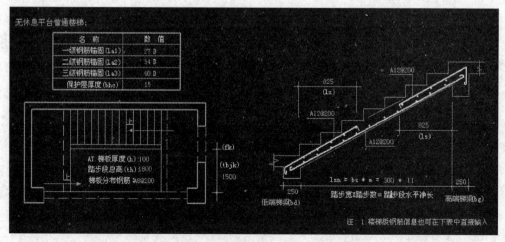

图 7.2

	筋号	直	级别	图号	图形	计算公式	长度(mm)	根数	单重(kg)	总重(kg)
1*	梯板下部纵筋	12	Φ	3	3889	3689+2*100+12.5*d	4039	9	3.586	32.273
2	下梯梁端上部纵筋	12	Φ	149	61 ←1060→ 1185 / 70	825*1.118+324+100-2*15+6.25*d	1391	9	1.235	11.115
3	上梯梁端上部纵筋	12	Φ	149	61 ←1060→ 1185 / 70	825*1.118+324+100-2*15+6.25*d	1391	9	1.235	11.115
4	梯板分布钢筋	8	Φ	3	1470	1500-2*15+12.5*d	1570	31	0.619	19.204

图 7.3

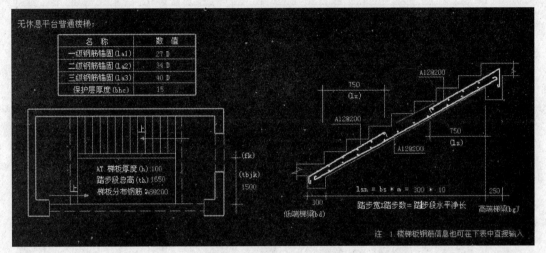

图 7.4

	筋号	直	级别	图号	图形	计算公式	长度(mm)	根数	单重(kg)	总重(kg)
1*	梯板下部纵筋	12	Φ	3	3554	3354+2*100+12.5*d	3704	9	3.288	29.596
2	下梯梁端上部筋	12	Φ	149	5 ←1035→ 1157 / 70	750*1.118+324+100-2*15+6.25*d	1308	9	1.161	10.451
3	上梯梁端上部筋	12	Φ	149	5 ←985→ 1101 / 70	750*1.118+324+100-2*15+6.25*d	1308	9	1.161	10.451
4	梯板分布钢筋	8	Φ	3	1470	1500-2*15+12.5*d	1570	28	0.619	17.346

图 7.5

第 8 单元　全楼汇总

楼层名称	构件类型	钢筋总重(kg)	一级钢					二级钢					
			6	6.5	8	10	12	12	16	18	20	22	25
基础层	柱	6145.708			3.201	132.088					125.715		5884.705
	基础梁	30827.493			556.762			10572.4	2291.01				17407.329
	筏板基础	44663.04									44663		
	合计	81636.242			559.963	132.088		10572.4	2291.01		44788.8		23292.033
首层	柱	17124.849			20.806	6574.57					156.019		10373.455
	梁	18294.005	27.922		106.877	2864.65		14.915	436.79	180.123	373.179	362.67	13926.883
	现浇板	13142.284			3503.1	8349.7	260.052	1029.43					
	楼梯	575.591			142.485		433.106						
	合计	49136.728	27.922		3773.27	17788.9	693.158	1044.34	436.79	180.123	529.198	362.67	24300.338
第2层	柱	15675.704			19.205	5453.11					215.444		9987.948
	梁	18294.005	27.922		106.877	2864.65		14.915	436.79	180.123	373.179	362.67	13926.883
	现浇板	13142.284			3503.1	8349.7	260.052	1029.43					
	合计	47111.993	27.922		3629.19	16667.5	260.052	1044.34	436.79	180.123	588.623	362.67	23914.831
第3层	柱	14471.282				5420.4							9050.884
	梁	19585.17	69.805			2660.61			1060.65				15794.106
	现浇板	14355.561			2607.24	10611.1	171.761	965.502					
	合计	48412.013	69.805		2607.24	18692.1	171.761	965.502	1060.65				24844.99
屋面层	构造柱	287.158	41.054				246.103						
	圈梁	75.074		75.074									
	合计	362.231	41.054	75.074			246.103						
全部层汇总	柱	53417.543			43.212	17580.2					497.178		35296.992
	构造柱	287.158	41.054				246.103						
	梁	56173.18	125.648		213.755	8389.9		29.831	1934.23	360.245	746.359	725.34	43647.872
	圈梁	75.074		75.074									
	现浇板	40640.129			9613.45	27310.5	691.866	3024.35					
	基础梁	30827.493			556.762			10572.4	2291.01				17407.329
	筏板基础	44663.04									44663		
	楼梯	575.591			142.485		433.106						
	合计	226659.21	166.703	75.074	10569.7	53280.5	1371.07	13626.6	4225.23	360.245	45906.6	725.34	96352.193